U0668731

孩子，你的情绪我在乎

为我亲爱的宝贝情绪管理训练

[美] 约翰 · 戈特曼　[韩] 崔成爱、赵碧　著

李桂花　译

图字：01-2018-2905

내 아이를 위한 감정코칭
Copyright © 2011, John M. Gottman, Peck Cho, Christina (Sung Aie) Choi
All Rights Reserved.
This Simplified Chinese edition was published by People's Oriental Publishing & Media Co., Ltd./The Oriental Press in 2018 by arrangement with The Korea Economic Daily & Business Publications, Inc. through Imprima Korea & Qiantaiyang Cultural Development (Beijing) Co., Ltd..

图书在版编目（CIP）数据

孩子，你的情绪我在乎：为我亲爱的宝贝情绪管理训练 / (美) 约翰 · 戈特曼，(韩) 崔成爱，(韩) 赵碧著；李桂花译 .—北京：东方出版社，2018.8
ISBN 978-7-5207-0462-5

Ⅰ. ①孩… Ⅱ. ①约… ②崔… ③赵… ④李… Ⅲ. ①情绪—儿童心理学 Ⅳ. ① B844.1

中国版本图书馆 CIP 数据核字 (2018) 第 144434 号

孩子，你的情绪我在乎：为我亲爱的宝贝情绪管理训练
（HAIZI，NI DE QINGXU WO ZAIHU：WEI WO QINAI DE BAOBEI QINGXU GUANLI XUNLIAN）
作者：[美] 约翰 · 戈特曼　[韩] 崔成爱、赵碧
译者：李桂花

策划编辑：鲁艳芳
责任编辑：杨朝霞　黎民子
出　　版：东方出版社
发　　行：人民东方出版传媒有限公司
地　　址：北京市东城区朝阳门内大街 166 号
邮　　编：100010
印　　刷：北京联兴盛业印刷股份有限公司
版　　次：2018 年 8 月第 1 版
印　　次：2018 年 8 月第 1 次印刷　2023 年 12 月第 20 次印刷
开　　本：710 毫米 ×1000 毫米　1/16
印　　张：21.75
字　　数：227 千字
书　　号：ISBN 978-7-5207-0462-5
定　　价：49.80 元
发行电话：（010）85924663　85924644　85924641

版权所有，违者必究
如有印装质量问题，我社负责调换，请拨打电话：010-85924725

情绪管理训练
——和孩子交心的魔法术

约翰·戈特曼

孩子如何与父母缔结关系，父母又会给孩子带来怎样的影响？有关这个问题的研究可以追溯到 36 年前人们对“关系”的研究，这项研究结果派生的所有方法均来自于众多家庭的亲身经历，而非由我个人的宗教经验或哲学思考杜撰而得。当时我是美国印第安纳大学的一名助教，而我的好友罗伯特·列宾森是 UC 伯克利（加利福尼亚大学伯克利分校）的教授。为了寻找一种能够改善人际关系的方法，我们开始着手一项全新的研究。

从相互关系中窥探“关系”模式

其实，我们的研究方式再简单不过了。让情侣分开八小时后，再将他们召回实验室中，让他们向对方倾诉这八小时是如何度过的。当然，我们会把这些情侣的对话情景录下来，还会在他们身上放置传感器，以便测量他们的心跳及身体各部位的血液流速，甚至手心的出汗量。不仅如此，我们还利用椅子上安装的摇动感知器来测量他们扭动身体、改变姿势的频率和力度。

当这些情侣相互讲述各自的八小时经历后，我们会接着问他们这种分离是否会给他们彼此的关系带来影响。我们要求被测者从诸多影响因素中只选一项进行谈论，并限制在 15 分钟内完成。当然，我们也把这个过程录了下来。当参加实验的所有情侣讲述完毕后，我们为他们回放刚才的录制内容，而他们在观看录像时的内心每一秒感受，都可以通过转动“非常否定”至“非常肯定”等不同刻度按钮来实时表达。

详细告之以上细节后，我和列宾森就没再做任何事情了，既没有帮助他们，也没有干涉他们，只是随着时间的流逝，如实地记录他们的情况。在之后漫长的 20 年中，我们一直关注着这些夫妻，每隔三年、四年、六年，跟踪记录他们的关系。

经过漫长的 20 年之后，这项研究终于在洛杉矶收尾。20 年前正值 40 多岁、60 多岁的那些夫妻，如今分别成了 60 多岁、80 多岁的老者了。我们的跟踪研究调查也贯彻始终，以了解他们在这段漫长岁月中所经历的变化。也就是说，我们记录的是他们从年轻一直到老的人生轨迹。当然，也包括夫妻俩共同经历的人生重要转折点，比如生儿育女等。我们在观察这些父母如何陪伴孩子玩耍、如何与孩子互动的过程中，将重点放在了这些参与是否对孩子的情绪与智力发育带有预示性作用，以及这种关系对孩子的成长产生何种影响上。

通过对这些夫妻的观察和记录，我们发现其中一些夫妻在维系家庭关系及扮演父母角色时，表现得相当出色，说他们是“关系达人”也不为过。相反，有些夫妻则可以说是惨不忍睹。虽然后者也维系着夫妻关系，但却很不幸，他们要么两天小吵三天大吵，要么其中一方出轨，甚至不惜对对方拳打脚踢。总之，共同生活对他们来说，是一件非常痛苦的事。

通过研究，我们发现“关系达人”和“关系炸弹”之间存在着明显差异，这种差异像冰与火一样鲜明。例如，通过夫妻二人心跳指数、血液流速、手心出汗量，以及投向对方的眼神，我们便可以预测出未来三年他们的婚姻生活可能出现的变化。那些表现得更加兴奋和敏感的夫妇，在同样时间内走向婚姻边缘的可能性更高。另外，我们还发现这类家庭中存在着某种规律性及可预见性，即特定家庭模式。一旦掌握了特定模式，那么即便只是短时间观察一对夫妻，我们也能准确预测出未来他们的婚姻将会发生的变化趋势。

那么，相比“关系炸弹”，“关系达人”的秘诀是什么呢？众多答案中最明显的一项就是理解孩子。我们在观察这些夫妻的整个过程当中，同时也关注着他们的子女。观察的范围主要包括：他们的子女是如何结识和结交朋友的？如果没有朋友，那么导致他们孤单的原因是什么？孩子被同伴排斥的原因是什么？等等。

那么，父母关系对子女究竟会产生怎样的影响呢？美国圣母大学马克·卡明斯的研究结果可以清楚地回答这个问题。一旦父母当着孩子的面争吵，即便是很小的孩子，他们的血压也会急速上升。如果父母当着孩子的面争吵过，尤其是低于十岁的孩子，那么事后他们很有必要当着孩子的面做些亲昵动作，好让孩子看到父母已经握手言和，恩爱依旧。也就是说，家长要以拥抱的方式，让孩子明白，两人之间的冲突与矛盾已顺利化解。想要让血压升高的孩子恢复正常血压，仅靠语言是远远不够的。如果孩子已经超过十岁，他会从父母将矛盾化解的过程中，学会如何解决现实生活中面临的矛盾与冲突，对其成长十分有益。

事实证明，父母的矛盾会直接转移给孩子。我的学生——埃里森·夏皮罗（现就职于亚利桑那州立大学）表示，只要观察孕后期三个月间夫妻的争吵过程，便可以根据他们的争吵方式预测出他们的孩子在三个月月龄时笑与哭的次数比率。那些能冷静且温情解决矛盾的夫妻，他们孩子的笑往往比哭多得多。这样的孩子即使在愤怒时，也能让自己冷静下来，并且能在最短时间内恢复平静。

爱德华·特罗尼克发明了一种“无表情游戏”研究方法。大人在看孩子或婴儿的脸时，不微笑，也不做任何表情，即面无表情。这项研究的核心在于，研究人员不带任何表情，只是用一种完全僵硬的表情看着孩子。你会发现，当孩子面对一张无表情的脸时，他们先是表现得慌张无措，继而将视线转移。随后孩子会努力试图改变大人的这种表情。小家伙会看看大人的脸，然后将目光转向别处，随后再次去看大人的脸。如果这时大人仍旧是冷冰冰地板着脸，那孩子会再次转移视线，并重新尝试与大人对视。这样尝试三四次之后，孩子会终于忍不住哭泣，并开始表现得烦躁。

这项研究表明，即使是仅三个月大的婴儿，也具有轮演剧目（一个剧团中的多项剧目在短期内轮换演出）能力，即带动大人与之互动的方法。对于婴儿来说，没有什么事物比大人的脸更让他兴趣盎然的了。爸爸的声音、妈妈的声音、平日里父母照看自己时充满关爱的声音，这些对婴儿来说无疑是最令他感兴趣和在乎的了。在这个实验中，如果孩子的父母患有抑郁症，那么即便大人面无表情地看着宝宝，孩子也不会表现出烦躁，更不会用种种尝试来试图改变大人僵硬的表情，这是因为孩子已经熟悉了大人的冷漠表情。这个实验说明在孩子的情绪环境中哪怕发生微小的变化，都会对孩子的情绪、人际关系和智力发育产生深远的影响。

糟糕的夫妻关系，甚至会缩短孩子的生命

如何预测出孩子将来是否成长顺利？有没有什么可作为依据的因素呢？家有读书郎的家长可能会想到 IQ 值或考试成绩单；而家有高中生的家长则会想到高考成绩。其实 IQ 值或考试成绩单都不是正确答案。判断孩子将来会成为怎样的人、会有多大的成就，最具有说服力的指标，其实是孩子与他人相处的能力。

我们都知道离婚带给孩子的心灵创伤非常之大，尤其会影响孩子的注意力和专注力。注意力是跨越情绪、认知、理性和感性的体系。虽说智商大部分遗传自父母，但这种与生俱来的 IQ 究竟能在孩子身上得到多大程度的体现，决定了孩子不一样的未来。注意力正是衡量它的一个敏感尺度。IQ 值再高，如果孩子不能集中精神，无法在必要时转换注意力和维持专注力，那孩子的学习就不可能有起色，这就会导致智力和情绪发育的不健全。

曾经有人专门进行过一项研究，探讨离婚究竟会给孩子带来怎样的影响，这项研究将给我们更具信服力的解答。1930 年，斯坦福大学的刘易斯・特曼教授开始对天才儿童进行研究，他把这些孩子称为“白蚁”（研究者刘易斯・特曼教授的姓名 Terman 和“白蚁 termite”相似，于是把这些被测对象冠以“白蚁”的昵称）。到了 1995 年，一位名叫弗里德曼的心理学家对当年的那些“白蚁”产生

了兴趣，于是继续研究他们。弗里德曼的研究目的在于，查明影响人类寿命的因素。而刘易斯·特曼教授收集、整理的研究数据是关于孩子将来寿命的预测性心理资料。研究结果表明，父母离婚的子女，其寿命要比平均年龄缩短四年；而离婚当事人寿命则缩短八年。这项结论表明，一个人与亲近的人之间的交际关系是否顺畅，将直接影响他的寿命长短。这一研究结果后来逐渐发展和扩大到“社科”领域。

离婚不但会缩短人的寿命，还会影响人们抵抗疾病的免疫力，进而影响健康；另外，儿童的社交能力也会大受影响。离异家庭的孩子往往更具攻击性，且不容易融入同龄人圈子；患抑郁症和其他内在障碍的概率也会高出许多。为了了解夫妻对婚姻的满意指数，研究人员针对他们的子女进行了简单的实验。具体方法是 24 小时跟踪采集孩子尿液，检测其压力荷尔蒙指数，从而间接了解父母婚姻生活的幸福指数。这种测试结果与直接询问夫妻本人获得的答案惊人地接近。

这项研究表明，父母关系不和谐会直接影响到孩子的健康，让孩子备受压力。不过，这并不是说夫妻双方为了孩子健康，就必须维持早已破裂的婚姻关系。众多心理学家的研究表明，父母离婚之所以会给孩子带来伤害，是因为夫妻中的一方经常把孩子当成报复对方的棋子来加以利用，以此来折磨对方。

如果夫妻关系接近敌对关系，那么这种情况下离婚反而会锻炼孩子的生存能力。那么，如何才能保护孩子免受父母的痛苦婚姻所带来的伤害呢？

有关父母与孩子相互作用的研究，源于“元情绪（meta-emotion 或 meta—mood)”这一概念。“元情绪”意为情绪的体验和思考，以及情绪表现的内在东西。人类有七种基本情绪，即愤怒、伤心、厌恶、轻蔑、恐惧、惊吓、幸福。无论在地球的任何角落，人类的基本情绪都是相同的，不仅仅是在表面上相同，在生理上，人们对于某种特定情况所表现出的情绪也是相同的。但这并不意味着“元情绪”是相同的，事实上，元情绪的表现五花八门，各不相同。

例如，在一次访谈研究中一位男士表示:“谁要是冲我发火，那就与当着我的面撒尿一样。”对他来说，愤怒情绪中还包含了无礼和厌恶感，因此，当有人对他发火时，他会觉得自己被看扁了，受到了侮辱。而另外一个人则认为:“愤怒就好比是清清嗓门大喊大叫，没什么大不了的，就是尽可能把怒气发泄出来。难道除了这个，还有别的特殊含义吗？”

对于愤怒的个体感受，因文化而异。例如，以色列人相比美国人乃至美籍犹太人，更能坦然接受愤怒；而意大利人则比英国人更能平静地接受愤怒；英国人不擅长，也不习惯正面表达愤怒情绪，因为对他们来说，表达轻蔑情绪要比表达愤怒容易许多。

情绪抹杀型父母与情绪管理训练型父母

我们在进行有关情绪表达的研究过程中，发现父母大体可分为两种类型，即“情绪抹杀型”与“情绪管理训练型”。

情绪抹杀型父母对于自身和孩子内心的细微情绪无法察觉出来。

在情绪抹杀型父母眼里，负面情绪无疑是一种禁忌，他们一厢情愿地渴望孩子永远保持开朗和幸福。因此，一旦孩子的负面情绪持续过久，他们就会认为其毒性也会愈加强烈。所以，只要能把孩子的负面情绪转变为幸福状态，那让他们做任何事都在所不惜。因为这种类型的父母实在无法容忍自己孩子身上表现出来的种种负面情绪，有时孩子并没有做错什么事，家长也会惩罚孩子，原因是孩子莫名地烦躁或发了火。这种类型的父母往往有一种倾向：他们认为在生活中，就应该强调正面的东西，包括情绪。

而情绪管理训练型父母的表现，与此截然不同。例如，我们曾问一位家长："如果孩子因为别的小朋友的错误而变得忧伤时，作为家长，您会如何解决？"

这位爸爸回答："哦，如果有别的孩子折磨我的孩子，我会努力去了解孩子的内心感受，并试图理解导致这种现象的原因。如果是哪个调皮的孩子打了我的孩子，又加以挑衅，那我就会立即停止手里的一切事情，全身心地考虑儿子的事情，迅速进入应有的角色，真切地与孩子一起感同身受。"

情绪管理训练型父母，无论对自己还是对孩子，都可以很敏感地觉察到其正在经历的哪怕是极其细微的情绪，哪怕这种情绪苗头还未来得及发展和激化。情绪管理训练型父母认为，孩子的负面情绪也是正常情绪的一部分，即使孩子表现出气愤、伤心或害怕，他们也会包容地看待孩子的这些负面情绪。这类父母会给孩子解释有关情绪的不同种类，并帮助孩子认识到自己正在经历着怎样的情绪。

父母的这种态度非常重要，也会对孩子的行为产生很大的影响。语言主要由左脑额叶控制；各种情绪，尤其是让人们萎靡不振的情绪，主要由额叶的右侧控制。父母愿意和孩子谈论孩子当前经历的情绪，并能与孩子感同身受，这对于孩子是莫大的心理抚慰，家长的这种努力甚至会让站在悬崖尽头的孩子内心渐渐恢复平静、回到安宁状态。家长可以寻找一些共同的话题，帮助孩子正视自身的情绪，而不是一味地加以控制。因此，语言的力量是不容小觑的。

情绪管理训练型父母不但能很好地接纳孩子的情绪，甚至可以洞察到不当行为背后潜藏的情绪。这类父母对于孩子的不当行为，虽然不一定处理得完美，但他们会为孩子的行为明确地划定是非界限。

不但要为孩子的行为划定界限，还应该让孩子明白，家长对于孩子的错误行为是持不赞成态度的。传递这种信息的同时也要让孩子懂得，对于孩子的所有情绪和愿望，家长会全部接纳和包容。通过这种区别对待，让孩子明白，负面情绪与负面行为完全是两个概念，二者没有必然联系；而且在孩子因为某件事伤心或害怕时，家长会帮助他一同解决这些问题。

这两种类型的父母还有哪些区别呢？他们在教育子女的方法上，也会表现得完全不同。情绪抹杀型父母会在一开始就灌输给孩子大量的信息，然后放手不管，似乎只等着孩子在下一秒犯错。终于等到孩子犯错时，他们就会立刻现身，急于纠正孩子的错误：“不，这样不对，这是错误的。你应该那样做！”这种类型的父母对于孩子的错误过于执着，而且自以为正在对孩子进行建设性的批评。但是，如果孩子是第一次尝试做某件事，出现错误时家长迫不及待地将其揪出来，那么结果到底会怎样呢？只会让慌乱的孩子变得更加手忙脚乱，错上加错。

情绪管理训练型父母会采用全然不同的方法，他们并不会灌输给孩子许多信息，而是在孩子能自觉开始尝试时，就放手“退居二线”。如果孩子失误犯错，他们也会在事态得到控制后才介入，并适时地鼓励孩子：“不错，做得很好。你正在很努力地尝试着。”最后，顶多再给孩子一些其他建议和提醒。

当孩子第一次尝试学习一件事情时，如果家长能对好的部分给予充分肯定，那孩子成功的可能性就会更高。情绪管理训练型父母在慷慨地给予孩子具体表扬后，会给予一些建设性的信息，这与俄罗斯发育心理学家维高斯基提出的鹰架理论十分相似。这个理论的核心在于，最佳的老师和父母应该懂得根据孩子的水平因材施教，在孩子可理解的范围内选择相符的教育工具，以便孩子能够快速地理解和寻找解决问题的方法，做到学以致用。

经过这种教育之后，孩子对学过的东西就会产生如同记忆般的感觉。因为这种教育模式并非由外而内，而是由衷地自我引领式的主动学习。想要达到这种效果，老师和家长就应该足够明智。如果有了这样的客观环境，那孩子在学习中就不再是被老师或家长牵着鼻子走，被动学习，而是完全变为主动学习，通过自主学习和体验，真正体会学习带来的成就感和喜悦感。让孩子通过努力，最终体会付出带来的成功和喜悦，这就是家长进行情绪管理训练时所要具备的明确的目标任务。

给孩子一份终身厚礼——情绪管理训练

做好情绪管理训练，以下五点非常重要。

第一，应留意孩子细微的情绪变化。这是为了让孩子的细微情绪不至于发展变大或恶化。

第二，每当孩子有情绪表达时，都能及时把握机会，因为这往往是与孩子增加亲密感，并对他进行情绪管理训练的好机会。

第三，对孩子抱有一颗理解之心，倾听孩子的心声，并且让孩子感觉到你对他的在意。

第四，鼓励孩子用语言表达自己的情绪。这好比是给各种情绪贴上了“姓名标签”，可以让孩子认识到自己正在经历的是哪种类别的情绪。

第五，帮助孩子培养有效控制愤怒和解决矛盾的最佳方法。

为了做好上述五点，必须对孩子的某些行为加以约束，以此向孩子传达特有的价值信息。

那么，情绪管理训练最终会给孩子带来怎样的效果呢？研究表明，一个在四岁时接受过情绪管理训练的孩子，在他八岁时，阅读和数学成绩均会比同龄孩子高出许多，甚至 IQ 值也会提高。这是真的吗？

IQ 指数相等的两个孩子，接受过情绪管理训练的孩子，阅读和数学成绩会比另一个孩子明显高出许多。接受过情绪管理训练的孩子可以很好地进行自我情绪调整，正确认识到自己的情绪，因此在课堂上更能集中注意力，学得更出色。接受过情绪管理训练的孩子即使是在发火时，也能很好地控制激动情绪，具有出色的自我控制能力。尽管他对于一切刺激有着更敏感的反应，但他会更迅速地寻找到内心的平静。

接受过情绪管理训练的孩子，具备生理学家称之为“迷走神经调节力”的“自我安慰式神经学能力”。不仅如此，他们还有足够的能力让自我满足感持续更久，而且更善于调解矛盾冲突，很少有不满情绪，各项行为表现无异常，也能和他人缔结更圆满的相处关系。另外，他们患传染性疾病的概率较低。如果进行过早期情绪管理训练，当他进入儿童中期时，无论是作为领队还是一名队员，其活动能力都会更出色。孩子学到的这些本领，绝非琐碎不起眼。

情绪管理训练可达到的最重要效果是，能够拓展父母和子女之间的沟通渠道。对于孩子身上出现的情绪，如果家长漠视不理，就无法让这些情绪消逝如春雪。而且家长的这种冷漠态度很容易让孩子产生误解，认为父母很讨厌自己，因而伤心难过。由于孩子误以为爸爸妈妈对自己的情绪根本不在意，所以即使孩子内心产生挫败感，感觉很愤怒、很绝望、很害怕，他们也不会主动对家长述说，而是默默地把所有的情绪都装进自己小小的内心世界里。

孩子通过情绪管理训练获得的效果是受益终身的。孩子能够在伤心时，自然地表露悲伤的情绪：内心有所需求时，及时向父母倾诉；生气或不开心时，也无所顾忌地告诉爸爸妈妈……这就好像是给孩子安装了一个情绪的 GPS。这种 GPS 可以及时反映出孩子生气或感到沮丧的具体原因，它可以为人生起到指引方向的灯塔作用。

在漫长的人生道路上，每当孩子面临各种选择时，内心的 GPS 总能帮助他们做出与自己想法一致的决定。具体地说，内心的 GPS 能够从道德上引导孩子，让他们发挥自我才能、自身可塑性、创造力及潜能，协助他们选择适合自己的正确决定。这也是我把情绪管理训练称之为献给孩子终身重礼的原因所在。

情绪管理训练从点滴努力开始

崔成爱

“每次孩子在睡梦中哭醒，我都并不去安慰他，只是放任他继续哭下去，直到哭累了为止。我认为，孩子这样哭着哭着也许就会慢慢习惯，说不定以后睡醒了就不会再哭了。”

“宝宝 15 个月了，不过太怕生了。每天早晨上班时，都哭嚷着不肯去幼儿园，实在是让我身心疲惫。让我不得不考虑是不是干脆辞职回家带孩子，做个全职妈妈。”

“请帮我看看我家的宝宝，也不知道为什么，就是不听话，固执得很。”

“我都怀疑我的孩子是不是典型的 ADHD（注意力缺陷多动障碍，俗称儿童多动症），非常散漫，特别容易冲动。”

“我觉得照顾宝宝太累了，有时忍不住大声训斥他，可过不了几分钟我就会后悔莫及，觉得自己没有当妈妈的资格。”

“孩子似乎得了无气力症，做什么都没心思，一副懒洋洋的样子。其实小时候他还是蛮聪明的，也不知道现在怎么了，越是上高年级，就越是对许多事情失去兴趣。真担心这样下去会影响他的正常成长。”

“孩子好像中了游戏的毒一样，我恨不得砸了电脑算了！你说这孩子到底要怎样才能管得住呢？”

父母在养育孩子时，难免会碰到以上类似的问题。尽管这些孩子的性别不同，年龄不相近，他们的父母学历、职业、居住环境及行为特征都不尽相同，然而，仔细观察，还是能找出他们之间的共同之处：对孩子的情绪，他们或者不闻不问，或者过分抑制，或者干脆放任不管。虽然这里一定要考虑到特殊情况或个体原因，但是在与他们讨论这些问题和烦恼时，我发现，尽管解决这些问题的方法很多，但其中最基本的，还是进行情绪管理训练。最开始时，我不得不亲自面向孩子进行情绪管理训练，但更关键的其实是让他们的家长甚至老师掌握情绪管理训练的方法。这样的话，不仅会改善他们与孩子的关系，也会确保孩子向明朗乐观的方向发展和变化。到了那个时候，就自然不需要依赖我了。我的治疗目的很明确，那就是就算我不出面，也不会再存在相处关系上的不和谐问题。而情绪管理训练，完全可以达到这样的效果。

2005 年，我曾在韩国 MBC 电视台的专题节目——《如何去爱孩子？为你支招》中，向父母们介绍了戈特曼式情绪管理训练方法。之后，有许多家长和老师表示，通过这个节目，他们深深了解了什么是情绪管理训练；同时他们也强烈要求，希望我能具体介绍情绪管理训练的实际操作方法。于是，在过去的五年里，我面向数以万计的家长、老师、幼儿园园长、心理咨询师，讲授了有关情绪管理训练的内容，而他们也热情高涨地将听课感受和经验反馈给我。鉴于篇幅有限，恕不在此一一讲述，下面仅列出几条具有代表性的感受反馈。

***

“如今和孩子的关系改善了不少。”（39 岁，三个孩子的妈妈）

“早知道可以这样……唉，也不至于让孩子受那么大的伤害了，真是后悔莫及。如果能回到过去，真想重新来过，好好培养孩子。”（42 岁，爸爸）

“过去啊，就是按部就班地朝九晚五，心想能熬到退休就万事大吉。不过现在，为孩子们讲课，已经成了一件让我快乐不已的事情。虽然说我的教师生涯已有 30 年了，但好像从来没有像现在这样觉得他们可爱无比过。”（56 岁，教师）

“生养老大时，初为人父，手忙脚乱地什么都顾不过来。现在，老二可以不紧不慢地按照情绪管理训练的方法来培养。我觉得这个过程很享受、很幸福、很奇特。别看老二才三岁，却可会心疼人了。几天前妈妈不小心弄伤了手指，小家伙立刻跑过来为妈妈吹吹手指，真难得。”（39 岁，爸爸）

“情绪管理训练不仅适用于夫妻之间，其实在同事及婆媳关系中，也可以起到很好的润滑剂作用，很神奇。”（37 岁，双职工家庭）

***

本书以丰富的育儿经验为基础，搜集了大量的生动事例，并针对不同矛盾问题，逐一整理出相应的解决方案，以便更多的父母及老师能够掌握和实践情绪管理训练。书中的每个案例都是听过我讲授情绪管理训练的家长、保育员和教师，在实践后反馈给我的真实而宝贵的事例。尽管他们生活在不同的城市——首尔、大田、江陵、巨济、春川、丽水、釜山、光州、清原、扶余、济州、仁川、大邱等，但无一例外，他们都通过情绪管理训练成功地改善了孩子与大人的关系，重新找回了家庭的幸福。值得欣慰的是，这种喜讯今天依然络绎不绝地传来。

情绪管理训练可以从很小的尝试开始进行，读懂孩子的情绪是最关键的一步。刚开始当然需要刻意地努力，当你试图读懂孩子时，也会自然而然地注重自我的情绪。想要改变习惯，就需要在大脑中产生新的思路，这通常需要 21 天左右。即便不必刻意去想或提醒，也能变成自然行为的话，则需要两个月至 100 天。这种结果说明，一旦通过很小的投入和努力将情绪管理训练习惯化，就可以让孩子的人生观发生根本性的变化。

他山之石可以攻玉。在这本书中，我将戈特曼博士的情绪管理训练基本五阶段，同韩国的实际生活有机地结合起来，并根据不同阶段补充了相应的典型案例，以便读者更易于参考和实践。当戈特曼博士得知，情绪管理训练通过家长培训、教师培训、EBS 等媒体在韩国迅速风靡起来，甚至超越美国时，他表示惊异不已。其实早在 2007 年，我同赵碧教授曾巡游过菲律宾、墨西哥、危地马拉和巴西等国家的 11 个城市共 19 所学校，为两万多名特困儿童，以及供他们读书的免费学校和宿舍的老师、保育员进行了情绪管理训练培训，获得了非常令人鼓舞和振奋的显著效果。对此，戈特曼博士也早有耳闻。

戈特曼博士说，虽然自己作为研究员，在实验室里证实了情绪管理训练的神奇效应，但我和赵教授却将情绪管理训练广泛实践于韩国乃至国外的更多家庭、学校和咨询工作室，使更多需要呵护的孩子获得情绪管理训练的切实效果，还在五个国家取得了立竿见影的效应，他对此表示由衷的感谢和真挚的感动。除了家长之外，情绪管理训练对于保育员、幼教人员、教师、心理咨询师、儿科大夫和护士都是非常必要的。

本书除了情绪管理训练内容（融入了我在过去 30 年中学习和教授的儿童发育学、心理学、生物学、人类发展研究和脑科学等知识内容）之外，还集合了我在德国深造六年积累的儿童青少年心理治疗法、芝加哥社交治疗游戏训练法、加利福尼亚 Hearth Math 研究所的 M-Wave 方式、针对脑科学的不同年龄游戏法、个人心理洽谈、演讲和专家培训等丰富的经验和庞大的观察资料。

截至今日，通过我和我的学生来接受两天情绪管理训练的家长中，多达 90%的家长都获得了成功。下一个受益者，我相信就是正在阅读本书的您。只要您是一个肯充电和实践的人，那么本书一定会为改善您和子女之间的关系带来巨大贡献。《情绪智能》的作者丹尼尔・戈尔曼博士称，学生时代，相比学业成绩和智商高的孩子，那些情绪感受能力出色的高 EQ 指数孩子，在成年后才是更容易获得成功和幸福感的人。他认为，这些人由于懂得尊重自我、关爱他人，因此他们的人生可以过得更有价值，也更有意义。情绪管理训练是培养情商具体而有效的方法。

也许这本书依然存在诸多不足，但我由衷地希望它能够为读者朋友，在与孩子共同努力寻找幸福和成功的道路上，提供更多的帮助。每个孩子都是在上天的祝福中降临的，愿您和亲爱的天使同在的家庭中，处处充满和平与爱的气息。

阿洛伊修斯康复中心

崔成爱　敬上

情绪管理训练为什么值得重视？

赵 碧

* 小学生一时冲动，打了老师的脸。

* 中学老师体罚孩子，导致孩子住院两周。

* 小留学生中途辍学，绝望后成为杀人恶魔。

* 因为挨训，孩子为发泄而纵火，导致房屋受损。

这到底是怎么回事？像这类令人毛骨悚然的新闻，如今也不稀奇了。为什么事情会不受控制地发展到这种地步？大多数人虽说不至于像他们那样行为极端，成为头条新闻，但每个人其实都有如洪水般发泄自己情绪的时候；也都会有因一时失控向无辜的亲人发泄情绪而懊悔不已的情形。看来，情绪调整并不是极少数人的问题，而是我们大家共同的问题。也许再过几年，这类事件可能不会再出现于报纸或电视媒体中了，并不是说到那时这种惨剧就会完全消失了，而是由于过于普遍，已经不足以成为新闻报道的对象了。

人们为什么会这样？明知不对，却还是会情绪失控，失去理智，进而做出荒诞幼稚甚至丑陋的行为呢？而这现象出现在家庭或学校等影响孩子人格塑造的环境中时，则会更严峻。

所谓“成熟”，我想应该是，在一个人生存的每个瞬间，五感都时刻竖起“触角”，敏感而丰富地感受每个喜怒哀乐，从而体验人生的矛盾与极端。不仅如此，即使处于极端情绪下，也能寻求用理性判断来左右自我行为和思维的生存智慧。只有感性和理性有机而巧妙地相结合，才能做出正确的行为，这才是成熟者所应具有的能力。我们需要做的，就是学习这种能力并将其传授给他人。

回头看看国内，无论是家庭还是学校，无一例外都在漠视和压抑孩子的情绪，一味地强调理性处事。当孩子哭时，大人会冷漠无情地喊“停”，一下让孩子把所有的情绪都憋回去了，甚至还威胁孩子：“你看，那边警察叔叔正瞪着你呢！”有些家长还喜欢用奖励来引导孩子的情绪，如只要不哭就立刻奖励一个冰激凌等。而当所有的恐吓和贿赂无法镇住孩子时，他们就会对孩子大打出手，体罚孩子。

韩国是出了名的体罚国家，是全球 197 个国家中允许校园体罚的 89 个国家之一；也是经济合作与发展组织（简称经合组织，OECD）国家中，允许家庭体罚和校园体罚的七个国家之一。相比之下，全球范围内禁止体罚的国家（以发达国家为首）正迅速扩大，而韩国依然在诸多领域毫无顾忌地沿用体罚制度。专门监督体罚的国际机构表示，韩国的体罚程度与伊斯兰国家、新加坡等允许体罚的国家相比，要严峻许多。

问题是这种体罚还经常被韩国人美化，用一句话来概括，即“打是亲，骂是爱”。但我可以肯定，没有一个人在挨打时内心还能感受到爱意。事实上，挨过打，反而会极端地认为惩罚自己的人是因为厌恶自己，而自己本来就是个该打的坏孩子。认为打就是爱，是一种错觉，是一种借口。大人试图以此来逃避寻求更好的解决方法，也为自己找到了一个好理由。

一起来看下列观点，这些均是通过客观研究得出的结论，而非我个人的片面之词。

* 体罚对于孩子的情感教育没有丝毫帮助。

* 体罚不但会让教师和学生之间的信任荡然无存，还会激起受罚学生的愤怒心理，使他感到不安，甚至变得更暴力。

* 体罚会导致一个人出现不安障碍、酒精中毒和依赖性等心理问题的概率大幅度升高。

* 体罚也许能起到短暂的效果，但并不能带来长期性效应，而且还会伴随一些副作用。

* 体罚只能带来短暂的瞬间效果，以及更加长远的反抗效果（逆反效果）。

* 体罚容易助长暴力。受过体罚的孩子最终有暴力倾向的概率非常高。

为什么会如此倾向于体罚？估计人们只是因为它的随手性（不受时间限制）和经济性（不需成本）。但也许他们并不知晓，在将来，必然会为体罚付出代价。

随着科学家对与大脑相关课题的研究发展，人们不但可以从哲学（道德）层面理解人性，还可以从科学（脑科学和人类发展研究）层面来理解。

* 前额叶的主要功能是负责人格的形成，这个过程通常在 25 岁

左右完成。

* 最容易出现严峻问题的阶段，要数青春期。通常孩子在进入青春期后，会表现出分析力、计划性及判断力不够成熟，难以进行自我情绪调整的特点。

* 首先在情绪上和孩子相互沟通，再逐渐转向理性行为。在这一过程中，情绪管理训练作为最先进的方法，对于人性教育非常有效。

* 美国华盛顿州政府、比尔·盖茨财团、（美）国防部、PBS 教育广播电台、TALARIS 研究所等多所机构，都将“情绪管理训练”推为最佳的儿童培训方法。

事实上，学生和儿童的人性问题，都是由于大人（家长和教师）不当或不到位的介入导致的结果。因此，我们不得不面临新的抉择。到底是延续过去那种无视先进技术和信息的奖罚教育方式？还是运用科学验证过的最先进方法？这不单是选择介入方法，也是选择家长和子女及老师和学生相互敌对还是站在同一条战线的问题，甚至是影响到国家未来能否跨入先进国家行列的选择。

过去，一个孩子在成长过程中，身边总是围绕着许多大人。除了父母，还有哥哥、姐姐、爷爷、奶奶、姨妈、姑姑、叔叔……不仅是亲人众多的大家庭，而且左右邻里和亲戚之间走动也相当频繁。这些对于人性教育，无疑是非常有益的环境。但近年来，几代同堂的情景正在逐渐消失。不但如此，就连核心家庭（仅由父母及子女组成）也不容易维持。如果是男主外型的家庭，爸爸就会不经常在家；如果是双职工家庭，那妈妈也会经常缺席，不能对子女进行教育。就算妈妈在家里，如果孩子长时间沉迷于电视或网络游戏中，独处的时间比较多，与大人共处的时间同样少得可怜。不仅如此，随着同龄相聚的文化倾向加剧，导致孩子大多在自己同龄人的圈子里玩耍，周围已不再有父母跟随。这只能导致一种结果，孩子无法从成熟的大人那里学到有关人性与理性相和谐的办法，这样的学习机会大大减少了。

在快节奏的现代生活中，一家团聚的时间太少。面对这种现状，我们不得不思考将过去“习惯”的模式改变为采用“更有效办法”的模式。而情绪管理训练，恰好就是人们尝试不同方法的一个契机。

事实上，我写这本书出于两个目的。

第一，希望教师们能通过本书介绍的情绪管理训练方法，营造一种更积极而且有意义的师生关系。通过这种努力，让孩子们从老师身上寻找到健全完善的人格魅力，使他们对于未来长大成人抱有一种美好的希望。“我一定要做个像老师这样优秀的人。”而不是消极且咬牙切齿地想:“我绝不会成为那种人。”达到这种境界时，老师也会克服所有的压力，从中体验到由衷的幸福。只有在教书过程中体验到这种成就感，才可能摆脱学生人权与教师权利相互对立且格格不入的过激模式。

第二，希望父母不要把孩子想象成尚未成熟的大人，不要过分执着于孩子的缺点和不足，而应理解他们所特有的纯真与单纯，读懂他们的快乐和新鲜，真正与孩子快乐地分享童年。

相信这些努力，会让你真正明白一个道理，那就是每个孩子都

是上天赐予我们的最好礼物。而这时，你也会明白，和睦的父母关系是我们能给孩子的最佳礼物。

“孩子的情绪管理训练”应该是开启美好未来的神奇钥匙。当然，这需要你我共同努力，以创造更好的和谐关系！

阿洛伊修斯康复中心

赵　碧

1 懂得情绪管理的孩子才幸福

2 培养出勇于表达情绪的孩子

3 让孩子敞开心扉的情绪管理训练对话法

4 和孩子交流的情绪管理训练五阶段

附录　情绪管理训练实例

1 懂得情绪管理的孩子才幸福

孩子，在情绪中彷徨

慧敏刚上小学一年级，每天早晨都因为不肯去上学而哭闹。原因是班里的男同桌经常会抢她的饭菜分给其他人，有时还向她吐口水，动不动就用力推搡她，让她又疼又难过。慧敏的父母为这件事很犯愁，是应该好说歹说哄着孩子坚持上学，还是将哭闹的孩子强硬地送到学校？为了这点小事该不该请老师出面帮忙解决？

五岁的贤基凡事都喜欢自己说了算。想买饼干或玩具，大人如果说“不”，那就不得了了。不管是在马路上还是在其他地方，他都会索性躺在地上耍赖。在家里，他经常整天对着电脑玩游戏，有时候饭也顾不上吃。爸爸妈妈先是劝说、训斥、哀求，各种软硬方法都试过了。当这些招数都不管用时，爸爸就免不了大动干戈打几下，但那也只是当时有点效果而已，过不了两天，还是一切照旧。妈妈早已被这种局面弄得疲惫不堪，觉得自己很失败、很无能，从而伤心且忧郁不堪。

再看看四岁的俊熙。这个孩子只是个头大一些，一举一动仍表现得非常孩子气。在幼儿园中和别的小朋友玩不到一块儿，总是跟在老师的屁股后面，不愿意参加集体活动，可以说很孤立。但由于他个子高，力气大，一旦发脾气就动不动打别的小朋友，久而久之，其他小朋友也对他避而远之，不愿意跟他一起玩了。这让俊熙妈妈很上火。她没法理解儿子为什么会表现得这样不友好，而对于自己没有耐心、总是习惯动手教训孩子，她也很不满意。每天下午，当孩子从幼儿园回到家中时，她就不由自主地担心甚至敏感到害怕自己的一举一动都会伤害到孩子。

上面所举的例子，都是我在 EBS《父母 60 分钟》（韩国著名电视教育节目）节目中直接面谈的例子，这些例子在生活中很具有典型性，与我们身边许多家庭的孩子及父母的关系很相似。节目播出后，一些有相似经历的父母打来电话或发来邮件，谈及自己的感受，说节目中说到的好像就是自己家里的故事一样。

经过一个月的咨询指导之后，节目组重新回访了以上家庭。慧敏明显开朗了许多，每天可以开心地去上小学了；贤基也完全离开了电脑，可以快乐地度过每一天，饮食也变得均衡了，贤基妈妈的情绪明显好了许多；俊熙妈妈看着俊熙纯真而快乐的样子，由衷地说：“现在，我终于体会到什么叫真正的幸福了。”

到底是什么，让他们在这短短的时间内，发生了如此明显的变化？是什么使孩子们重新找回快乐，让爸爸妈妈不再担心，重新体验到成就感、价值感和幸福感呢？没有其他，我只是为这三个孩子的父母进行了情绪管理训练。我愿意借此向更多的家长朋友、孩子、学生、老师及咨询师推荐：情绪管理训练，是我们和孩子快乐相处、共同成长必备的法宝。我希望通过这本书，让更多的家长在养育孩子的过程中，体验到更多的成功经验。

世上的父母，无一例外都希望自己的孩子能过得好。所以在生活中，家长们也是惦念孩子先于自己，他们的生活总是围绕着孩子来安排。一旦孩子出现问题，家长就显得一筹莫展，很困惑迷茫。

果真是那样吗？家长的行为一点毛病也没有、纯粹是孩子自身有问题，才会发生这样或那样的问题？如果单看孩子的行为，也许会片面地以为是这样吧。但如果父母不能读懂孩子的情绪（内心），只将关注的焦点停留在孩子的行为上，那孩子往往会认为自己不被父母理解，于是哭闹、耍赖，甚至做出更偏激的行为，希望借此引起父母对他的关注和理解。然而父母往往不能敏感地读懂孩子的内心需求，只是针对孩子的行为做出反应。这只能让孩子认为，就连自己的父母都讨厌、拒绝或漠视自己。

要知道，孩子经常是通过与父母的相互作用，来逐渐认识自我存在、自我价值及学会如何应对各种情绪的方法的。只要认真观察一下孩子的行为倾向就能发现，很多时候这些倾向都是在与父母的相互作用中形成的。不妨重新回顾一下孩子的语言和行为。

但凡为人父母者，必定都会为自己的孩子全力以赴。但他们往往忽略了最重要的一点，那就是读懂孩子的情绪，学会包容孩子。从现在开始，我们有必要改变一种提问方式。在你问“孩子到底怎么了”之前，有必要扪心自问：“作为父母，我到底有没有真正感受他的内心？”只有这样，才可能针对“孩子到底怎么了”得出正确的答案，才能通过与孩子的真心交流，双方积累信赖，增强联系纽带，进而变得更加亲密。

如果父母不能读懂孩子的情绪，不能接纳和包容孩子，使父母和孩子之间的关系不够圆满，那孩子很容易因为自我尊重感缺失而变得不安，做出极端行为的危险概率也会变大。现实生活中有太多令人震惊的真实案例：一个才十岁的小学生，由于成绩比以往落后，就悲观不已而自杀；小学生觉得上辅导课太累了，结果跳楼自杀……到底是什么导致如花般充满梦想和幸福的少年选择不归路的呢？原因也许无法用一两点概括。但可以肯定的是，一个人如果爱自己、珍惜自己，那他绝对不会结束自己的生命。

而爱自己和尊重自己，就应该对自己有正确的认识，并能够坦然接受；应该了解自己多样且丰富的情绪，并学会正确对待和妥善处理它。说得再通俗点，就是要正确认识自己的内心情感。正确认识自己内心的情感，是指不但要接受快乐和幸福的情感，还应该对愤怒、悲伤、害怕和恐惧等情感也能够坦然接受，使自己的情感、内心想法和行为相互和谐、平衡。如果可以正确接受自己的内心情感并灵活应对，不仅能提高自我成就感和存在感，还能游刃有余地处理各种人际关系和棘手问题。

丹尼尔·戈尔曼博士（因《情绪智能》一书而闻名世界）的长期研究结果表明，那些感到幸福且事业成功的人，并不是智商高、成绩优秀或家境富裕的人，而是情商高的人。而这种情商可以通过后天努力，人为地提高。

问题是，如今独生子女居多，面对激烈的竞争，父母和孩子都不得不承受长期的压力，而这种现实导致孩子们正确面对自我情绪并学会灵活应对的机会实在不多。孩子在生活中必然要面对各种错综复杂的情感问题，而他们苦于不了解如何妥善解决，于是感到彷徨困惑。孩子的不幸与困扰就从这里开始了。

◉ 渐渐远逝的情绪学校

孩子通过情感了解世界。这种尝试，在妈妈的肚子里就已经开始了。而孩子真正接触和面对情绪，却是在出生之后。胎儿时期感受到的情感，都是将妈妈的情感状态如实转达的结果，这与孩子独立地感受情感是有差别的。脱离妈妈的身体，降临到这个世界之后，感受到的情感，无论好坏都显然更直接、更强烈。时而感到不安，时而感到安慰，孩子们正是在接触这些陌生的情绪过程中，一点点熟悉这些情绪，逐渐学习接纳和调节它们的能力，通过这种过程慢慢成长。

孩子接触情感的第一所学校，便是“家庭”。在爸爸妈妈爱的包围中，孩子会感到幸福。当肚子饿时，孩子会变得烦躁；如果尿床了，孩子就会感到很不舒服。无论是何种情绪，如果有人能及时了解并适时地采取措施，那孩子就不会觉得这些情绪陌生或令人不安。

现在，本应成为孩子学习情绪的最佳学校——家庭，却正在一点点动摇和改变。首先，家庭的成员结构在大大缩减。大家族变为单一的核心家庭，已经不是最近的事情了。过去，如果家庭成员多，情感上相互沟通和交流的机会也就更多。下表可以比较直观地说明，孩子们能够体验情感的人际关系已变得多贫乏与脆弱。

成员数量	1	2	3	4	5	6	7
关系数量	0	1	6	25	90	301	966

摘自：崔成爱，《人类社区》，1997。

一个人无法构成关系（0），男女相识结婚，形成一个关系。两个人有了孩子，尽管家庭成员是三个人，然而这三个人能够组成的关系的数量却是六个（妈妈与爸爸，妈妈与孩子，爸爸与孩子，妈妈、爸爸与孩子，爸爸、孩子与妈妈，妈妈、孩子与爸爸）。如果再生一个弟弟或妹妹，家庭成员就成了四个人，而他们所能形成的各种关系，则会变为 25 种。如果再加上爷爷、奶奶、叔叔、姨妈、舅舅……每增加一名成员，他们能组成的关系数量就会按照 90 → 301 → 966……剧增。

独生子女如果一直只和爸爸、妈妈生活在一起，那他不可能像从小生长在祖父母及叔叔、阿姨中间的孩子那样，能够熟练地应对复杂的人际关系以及多样的情感状况，可以说孩子的经验少之又少。所以，当孩子第一次上幼儿园时，仅七八名小朋友和一两位幼儿园老师，就足以让孩子感受到前所未有的压力。

家庭成员多的话，不但会多出许多体验和学习多种情感的机会，接受和处理那些情感的学习机会也会更多。即使没人刻意去教，孩子也可以通过观察家庭成员之间发生的丰富的情绪变化，以及每个人的应对反应，来间接学习到这些交际经验，甚至还可以亲自感受和领悟。

但在核心家庭中，情况就不同了。家庭成员人数大大减少，孩子能接触到的情感和交流机会自然也会变少。更严峻的问题是，孩子正在经历的许多多样化的情感，往往被无视或放任。例如，家里成员较多时，至少有一个人会关注到孩子的情绪变化，并适时引导他们。而如今，除了父母，没有其他人能承担这种角色。

而父母的角色，常常也不能尽责地完成。双职工家庭日益增多，他们不但无暇顾及孩子的情感变化，很多时候，父母双方甚至因为无法解决好两人的情感问题而经常大嗓门地发生争执。在整个大环境中，离婚率呈持续上升趋势，在韩国的一些大城市，离婚率甚至已接近 40%，到了相当严峻的地步。在这种不健全的家庭环境中长大的孩子，会表现得情绪不稳定，面对复杂的情绪而彷徨不定也就不是什么奇怪的现象了。

◉ 情绪越不被重视，就会越缺乏自信，经不起压力

孩子往往用自己的行为来表达情绪。孩子的苦恼、发脾气或大声喊叫等各种形式的情绪表达，其实都是为了让他人读懂自己内心的挣扎和努力。孩子时时刻刻都在用自己的情绪来面对世界，但他们只能感受情绪，并不懂得情绪为何物，也不懂得用恰当的语言来表达。

由于孩子尚缺客观了解和把握事态的能力，因此不可能了解怎样的行为才是在被允许范围内的适当行为。他们所能做的，只不过是按照自己一直以来观察和学习到的行为来表达“我现在生气了，请关心关心我”或“我很伤心，安慰安慰我吧”等情绪，以求他人

能帮助深陷情绪困境中的自己。

这时是否有人及时接纳他们的情绪，会带来天壤之别的结果。当自己的情绪被他人读懂时，孩子能够很快控制自己的情绪，找回平静。孩子会明白，这些情绪不仅发生在自己身上，在其他人身上也很常见。当孩子能这样想时，就会变得不再不安，而是找回平静，并且逐渐学会用更准确的言行来表达自我情绪。而且在这个过程中，孩子也能学会尊重自己和尊重别人。

相反，如果孩子的情绪未能引起他人重视，他就会陷入困惑之中。“咦，奇怪，我这么难受，为什么没有一个人来关心我呢？”孩子会觉得费解，为了能引起他人对自己的关注而哭得更加声嘶力竭，甚至做出跺脚等激烈的行为。然而大部分家长并不能理解孩子的这种心理，只会因为孩子的“野蛮行为”而大动干戈。“给我住嘴！别哭了！吵死了！”“下次再敢这样，绝饶不了你！”以此来吓唬孩子。孩子不但没能如愿得到大人的理解，反而挨了一顿训，自然会渐渐变得消沉。情绪不被他人理解的孩子，所感受到的冲击是非常大的。他们很容易以为，这些情绪并不是大家共有的，而是全怪自己不够好或比较奇特，才会产生这些错误的情绪。

被拒绝、被忽视的情形越多，孩子的自我存在感就会越低。最终由于无法信任、尊重他人和自我，变得我行我素，或过于消沉，或言行极端，从而招来更严厉的训斥。这种恶性循环甚至会给他们招来“注意力散漫”“多动症”的标签。

问问那些有自杀冲动或暴力行为的孩子就会明白，他们都非常自卑和忧郁，而且内心受过伤害。若外表看起来行为粗暴，那内心必定充满了负面想法。例如，“每个人都不喜欢我”“谁都不在乎我”“我是世界上多余的人”“像我这样的人还不如不活了”。

另外，他们在承受压力时也会表现得更加脆弱不堪。初次表达情感时，如果有人能及时接受，他们很快就能寻求到内心的稳定，这时压力也不大。一旦持续地被漠视，他们就会采用过激的方法来表达情感，依然不被理解时，就只能让压力变得更大。问题是，尽管压力不断变大，但是学习消除压力的方法与体验的机会却不多。所以，即使是很小的压力，也会让他们做出过于敏感的反应，表现出忧郁与不安。

一般来说，孩子对压力的反应会受到生物学、心理学及环境等因素的影响。在现代社会中，孩子感受到的来自社会环境的压力占相当大的比重。本应无忧无虑玩耍的孩子，却要背着沉重的书包奔波于各种课外学习班之间，他们的压力很大。可是这并不意味着内心感到压力的所有孩子，都会无一例外地表现出暴力或自杀等过激行为。

即使在相同压力条件下，也有许多健康生活的孩子。这些孩子中的大部分从小就有过被他人接纳自我情绪的经验，因此他们有着极强的自我存在感，懂得适时地处理各种情绪，以免压力堆积。

◉ 孩子的情绪请全部包容，你需要做的，只是给孩子的行为划定界限

通过前面的讲述，我们已经了解，如果不能及时地感受孩子的情绪，将导致怎样严重的后果。那么，是不是孩子的所有情绪，我

们都应该无一例外地接受和包容呢？是不是只要全盘接受和尊重孩子的情绪，孩子就不会在情绪上彷徨了呢？

当然，仅仅接纳和包容孩子的情绪，还远远不够。仅靠这些，孩子是无法自己领悟到面对情绪问题时要做出哪些反应和举动的。对于孩子的情绪，我们要尽可能与他分享，但也要让孩子懂得应该如何去面对和解决，对自己的行为有明确的行为界限意识。这就是情绪管理训练的核心内容。

然而，大人们在为孩子划定行为界限时，往往会不由自主地犯一些错误。例如，当孩子捡起别人嚼过后扔掉的口香糖要放进嘴里时，妈妈往往一把抢过来，把孩子吓哭了。这时奶奶可能会心疼地哄孩子："别哭了，宝贝，是谁惹我们家宝宝哭了？"孩子会委屈地投到奶奶的怀中，指着妈妈。于是奶奶就会说："哎哟哟，妈妈真坏！打妈妈！"奶奶假装去打妈妈，甚至有时候会让孩子自己去打妈妈。这种情形可能在每个家庭中都发生过，而且不排除开玩笑的成分。但是孩子会在这个过程中学到，在妈妈惹自己生气时，打妈妈也无妨。一旦模糊了孩子的行为界限，那孩子就会在面临情绪矛盾时，认为做出任何行为都是没有关系的。

如果能够充分读懂孩子的情绪，试着感同身受，那么在给他们划定行为界限时，孩子也会乖乖地接受。例如，奶奶可以说："原来是宝宝想吃口香糖了，奶奶当然知道，我的宝贝很喜欢口香糖。"那么孩子并不会因为妈妈不让自己把口香糖放进嘴里而觉得受了训斥；孩子也不会认为妈妈这样做是不爱自己、讨厌自己，更不会认为自己是个脏小孩。孩子会觉得奶奶了解自己，知道自己喜欢吃口香糖，所以才会不顾口香糖脏而放进嘴里。

当然，关键在于后面怎么做。奶奶可以说：“妈妈是因为担心宝贝吃了脏口香糖会生病，才不让你吃的。别人嚼过扔到地上的口香糖上有好多细菌，我的宝贝可不能放进嘴里啊！”大人必须明确地给孩子做出这样的行为限制。这样一来，孩子就会接受和相信，妈妈和奶奶是尊重自己、爱自己的，而且掉在地上的脏东西是不能放进嘴里吃的。下次再遇到类似的情形时，他就会自行判断“这个脏，不能放进嘴里”，由此做出正确的判断。

家长一旦能够对孩子的情绪感同身受并充分理解，再为孩子的行为划定界限就不再是什么难事了。采用情绪管理训练方法的家长，当他们看到三四岁的孩子能够在行为界限内独立摸索出出色的解决方案时，都表示大为惊讶和欣慰。戈特曼博士称，从小为孩子进行情绪管理训练，无疑是为孩子安装了一个可以自行判断并寻找对策的 GPS。父母只需在那之前，为孩子扮演最起码的引导角色就足够了。

能够分享孩子的情绪，才是真正的爱

过去，很多父母认为生了孩子之后，只要让他们吃好穿好，供他上学，就算是完成了父母的任务。只要解决了基本的衣、食、住问题，再给他们接受教育的机会，剩下的部分，就看孩子自己的造化了。

不过现代社会要求不同了，父母的角色变得更多样化。照顾孩子，让他们健健康康、无忧无虑地成长，只是最基本的一条。为了让孩子学业出色，父母还要充当孩子学习“经纪人”的角色。另外，还要让他们参加各种体验活动和人格培训课，好让他们在情绪和人格上都健全，完美得无可挑剔。

只要是为了孩子，如今的父母无论金钱、时间和努力，全都可以无条件付出。他们的种种努力，已经远远超出过去只单纯解决孩子基本衣、食、住的层面了。尽管如此，现在的孩子却不如以前的孩子幸福。2010 年，根据经济合作与发展组织（以下简称 OECD）中，26 个国家的儿童和青少年幸福指数调查结果显示，韩国的儿童与青少年幸福指数最低。这是为什么？也许从父母爱孩子的方式中，我们可以找到答案。

◉ 你真的爱你的孩子吗？

贤秀的爸爸是现役军人，他对贤秀始终没法放心。虽说贤秀是个男孩，但他从小腼腆害羞，声音也细小微弱，似乎擦亮眼睛，也没法在贤秀身上找出一丝大方爽朗的气质。尽管是在新时代，但贤秀的爸爸还是认为男子汉理应魁梧、坚强，所以从小就对贤秀格外严厉。如果孩子玩耍时碰伤了膝盖而哭鼻子，爸爸就会数落他："男子汉大丈夫，因为这点小事还哭哭啼啼，成何体统！别哭了！"

无论是韩国的跆拳道还是日本的合气道，只要是贤秀爸爸认为有助于培养男孩阳刚之气的运动，家里都全力支持贤秀学习。但也许是天性难改，一直到小学三年级，贤秀依然没有多大变化。他不敢直接跟爸爸说不想培训了，只能央求妈妈："运动太无聊了，可不可以不再练习了。"尽管看着心疼，爸爸还是狠狠心，毫不松懈对儿子的培养。因为在贤秀爸爸看来，把儿子培养成富有阳刚之气的男子汉，才是爸爸能给予儿子最好的爱。

小溪的妈妈对于孩子的关爱，和贤秀爸爸不太一样。小溪的妈妈希望女儿长大后能成为职业女性，成为不仅在国内，甚至在世界舞台上也能叱咤风云的铿锵女性。小溪的妈妈早已为她制订好长期的教学计划。现在都讲究早期留学，等小溪从英语幼儿园毕业，就让她升小学，到了五六年级，就送她去加拿大留学两年，再回国上完国际中学及重点高中，然后去美国读大学。

别看小溪才七岁，她的课程安排并不比大人轻松。上完英语幼儿园的课程，就忙着去上小提琴课和芭蕾舞课。小孩子当然吃不消。尽管孩子比较好学，并不排斥学习，但偶尔也会因太累而不肯去上培训课。尤其是芭蕾舞课，因为不感兴趣，所以小溪经常会找各种借口不去上课。

妈妈虽然能充分理解女儿的心情，但是看到其他比小溪更小的孩子正在学习更多的东西，她就觉得即使是苦点累点，还是应该让孩子坚持和忍耐，只有这样才能在当今激烈的社会竞争中站住脚。虽然现在孩子觉得这种上课方式很累，但是等到将来成功了，孩子就能理解妈妈的一片苦心。

可以看到，尽管贤秀爸爸和小溪妈妈的教育方式并不相同，但他们爱自己孩子的心情是一样的。世界上所有的父母，都像这两位家长一样，希望自己的孩子将来能成为有用的人才，过着幸福无忧的生活。所以为了子女的教育倾尽一切，好让他们接受最好的教育。然而，孩子们并不幸福，家长也有自己的苦水。本来是望子成龙、望女成凤，但孩子并不理解爸妈的苦心，不但不全力配合，有时候甚至会唱反调，反抗父母，真是很让人伤心。

如果你认为孩子对父母的爱不领情，那不妨换一种方式来爱孩子。到底采用怎样的方法，才能让孩子既感到幸福快乐，又能确保他们成为有用的人才？如果长时间研究和应用情绪管理训练，我们就会发现，唯有情绪管理训练，才是父母向孩子传达爱意的最好方法。

以错误的方式爱孩子，随着时间的流逝，只能让孩子更加紧锁心门。而情绪管理训练，不但能开启孩子紧闭的心扉，还能让他们变得积极向上，这与孩子的兴趣和孩子所处的环境无关。情绪管理训练对于时间和地点的要求非常低，基本上在任何时间及任何地点都可以进行，它是一种最平凡可行的爱的教育方式。就像全球通用的语言一样，情绪管理训练让每个孩子都更接近幸福。

◉ 为什么要感同身受？让大脑来回答

家长们承认，只要富于条理地向孩子仔细说明，孩子就可以充分理解父母所说的话。可见，如今的孩子不仅聪明，而且理解能力很强。很多孩子三四岁时，就可以熟练地阅读母语故事书，上小学前就可以讲一口流利的英语，这些神童可以说随处可见，不再稀缺。而如此聪明的孩子一旦陷入某种情绪困境时，如果你试图用理性的方式来解决，只会让孩子的反应更加敏感，甚至做出与愿望相悖的行为。

例如，孩子从学校回来后，气呼呼地说："那个破学校我再也不去了！老师凭什么当着那么多同学的面批评我！"

站在父母的立场，家长可能会想，老师是不可能平白无故批评孩子的，即使孩子心里有些委屈，但为了孩子以后的教育，还是有必要维护老师在孩子心目中的威信，于是家长只能开导自家的孩子："要是你真没做错什么，老师怎么可能冲你发火呢？肯定有什么理由吧？"

这下可好，孩子气呼呼地嚷嚷道："哼！妈妈根本就不了解情况，就知道冤枉我！"

"你看看，你肯定也是这样跟老师顶嘴的，是不是？难怪老师批评你！”

家长如此训斥孩子，也许是出于好意，希望孩子能够成为老师眼中的好学生，好让孩子能安心读书，顺利度过学校生活。但这种方式无疑是给孩子火上浇油，难怪他会脚踢书包来发泄。这样一来又不得了了，家长肯定不会放过孩子这种无礼的行为，心想一定要让孩子改掉这个臭毛病不可，于是家长的嗓门就更提高一截。

“赶紧给我把书包放回原处。我的耐心是有限的，趁着说好话时最好听着点。听到没有？”家长这么一吼，孩子终于忍不住放声大哭起来。

其实许多家长都有一个误解，认为自己苦口婆心地讲道理，孩子是可以听懂的。正因为有了这种过高的奢望，他们才会不知疲惫地唠叨个不停。偏偏大多数情况下，孩子并不能听进家长的话。不妨试着从了解孩子情绪的角度来尝试一下，这样也许会带来截然不同的效果。

假设孩子从学校回来时，气呼呼地抱怨道：“那个破学校我再也不去了！老师凭什么当着那么多同学的面批评我！”（到这里为止，与之前的情形是一模一样的）

父母首先会感到很意外：我的孩子究竟犯了什么错误，竟然惹得老师在大家面前批评他？但心生疑虑的同时，家长也应意识到一种责任感，此时正是引导孩子的好机会，以免孩子在将来又因为同样的事情而受批评。不过，请家长在充当父母角色之前，先试着去读懂孩子的情绪。

“你是说，突然不想去学校了吗？老师竟然当着大家的面大声训斥你，真让人泄气，可能换了谁都没兴致再去学校了（坦然接受孩子的情绪，试图和他站在一起，感受他的心情）。不过，可不可以告诉妈妈，究竟是怎么回事呢？（表现出对此事的关心）”

这样一来，孩子就会一五一十地向你诉说内心的烦恼。

“我们今天刚好检查作业，我当然写了。但是班里好多同学都没写，老师很生气，决定惩罚大家。我因为已经写了，就告诉老师我写作业了。结果老师让我站到前面去，还训我说‘你听不懂什么叫集体受罚，是不是？老师说话时竟然敢顶嘴。你写作业就了不起了吗？’就这样，让我在大家面前挨训。”孩子似乎还是无法平静下来，依然像小牛犊一样喘着粗气。

“唉，这的确是够委屈的。明明写了作业，却还要跟大家一起集体受罚，真是很委屈。你告诉老师自己写了作业，结果却被老师教训一通……不过呢，其实妈妈小时候也有过这样的经历。本来妈妈很用心地打扫班级卫生，结果因为其他人都偷懒不干，老师就罚我们全体受罚。我只是忍不住说了一句，结果被老师训得更厉害。所以呀，妈妈能理解你现在为什么不肯去上学了。（坦然接受孩子的心情，试着感同身受）”

“哦？妈妈也遇到过和我一样的事情？”

孩子吃惊地瞪大了眼睛，也比刚才平静了许多。显然，孩子感觉到妈妈和自己站在同一战线上，正努力地理解自己的心情，正是这种信任，给了孩子一种沟通顺畅且内心安宁的感觉，最终能让孩子的内心恢复平静。

“嗯，是的。我觉得很丢人、很委屈，再也不想上学了。”这时妈妈如果能真实地表达自己的情绪，就可以和孩子营造一种共鸣。

“妈妈那时是怎么做的呢？”此时，孩子开始认真思考遇到这种情形时该怎么解决的问题了，这正是给孩子讲解如何正确“行动”的机会。

“后来，我回到家，并不像当时那样生气了。我想，我们班的卫生那么差，而我又是班长，也许老师觉得我作为班长责任重大，所以才会更严厉地要求我。于是，自从那以后，我就更努力地做班里的工作。你猜怎么样？到期末时，老师竟然给了我三好学生奖。”

“对对对。我们班也是，每天不写作业就上学的同学可多了，老师可能也是因为这个才发火吧！结果我中途插上一句，告诉老师就我一个人完成了作业，所以老师才会更生气了。”

一旦孩子的情绪被他人理解并接受，就会逐渐恢复平静，这时他看待事物的洞察力会更出色。建议此时，妈妈不要毛遂自荐充当谋士的角色，不妨试试这样问他：“那你打算怎么做呢？说说你的想法。”

“等明天上学了，我去找老师真诚地道歉。老师正说话时，插嘴打断老师的话，很不礼貌。”

也许你不会相信，但这就是孩子给出的完善的解决方案。别忘了，这可是靠他自己思考和摸索出来的。由于孩子想通了这件事，不再因为老师批评他而感到委屈，而且妈妈也可以充当自己的好朋友，愿意倾听他的烦恼，那么孩子根本不会泄愤地踢书包或大哭一通，而是会独立摸索出应对事态的合理情感和行为。收获的不仅是这些，通过这种沟通，孩子和妈妈的心会贴得更近，彼此的信任感也会加倍增加。作为家长，他们也会真实地感觉到孩子又成长了一大步，由衷地为他感到欣慰和自豪。

像刚才这种先接受孩子的情绪，再引导他做出正确选择的原理，如果结合大脑结构来说明，可能会更直观易懂。

大脑的三层结构

1960 年，脑神经学家保罗・麦克莱恩通过研究发现，人的大脑大体是由三层组成的。其中最下面的一层是脑干部分，起到调节呼吸、血压、体温和心跳等作用，是维持生命所必需的基本功能。脑干是“原始的大脑”，出生时便已经形成。所以婴儿出生后，可以马上呼吸和吃奶。脑干的结构和功能与爬虫类的极其相似，因此它也被称为“爬虫类的大脑”。

脑干上面是大脑的边缘系统，位于脑半球的内侧下方，主要负责情绪控制、记忆和激素分泌等。人类的喜悦、快乐、愤怒与悲伤等情感，甚至食欲和性欲都受它控制。大部分哺乳类动物都有边缘系统，所以小狗看到主人回来会表现得很高兴，而看到陌生人则会躲避或汪汪大叫。狗感到害怕时会把尾巴低垂下来，还能表现出妒忌……种种丰富的表达，都是因为狗的边缘系统比较发达。爬虫类的边缘系统不够发达，因此它们不懂得情感表达。由于情绪表达只属于哺乳动物，因此把边缘系统称为“情感大脑”或“哺乳类大脑”。

大脑边缘系统属于大脑旧皮质，而占据大脑后侧约 1/3 的“前额叶”，主要负责思考、判断、决定先后顺序、情绪调整和控制冲动。由于边缘系统具有高度的精神功能和创造功能，是人类特有的大脑，因此称它是“人类的大脑”“理性大脑”或“大脑总指挥部”。

边缘系统成形于青春期，前额叶成形于 27 ～ 28 岁

就连刚刚呱呱坠地的婴儿都有自己的情绪。只不过初生儿时期的情绪是简单的，边缘系统历经婴幼儿期、儿童期和青春期，一直保持着相当活跃的发育状态。因此，即使孩子到了青春期，早已出落得像个大人，但他依然对于情绪相当敏感，还不太能在情绪、思维和行为之间把握好平衡与协调。这个时期的孩子经常会表现得一时不知如何表达自己的情绪，或时而用冲动过激的行为来表达自己的情绪。边缘系统直到青春期才逐渐完善，到了青春期结束时，基本上就成形了。

相反，思维之大脑，又称理性之大脑的前额叶，就需要相当漫长的发育时间。前额叶从孩子牙牙学语和认读时期开始一点点发育，到了小学四五年级时初步发育完成。但这种初步发育完成的前额叶水平并不高，只能做一些类似于不应该说谎、作业必须完成、应当遵守时间等符合孩子年龄的思维和判断。让他们像大人一样进行复杂的思考和判断，那就太为难孩子了。最近的脑科学研究表明，在小学四五年级时初步发育完成的前额叶，到了青春期，就会进入大幅度的重塑阶段。所以处于儿童期或青少年时期的孩子，他们的思维和判断能力还是相当薄弱的。

青少年时期进入重塑阶段的前额叶，男性一般要在 30 岁时完全成熟，而女性则在 24 ～ 25 岁时就已完全成熟。男女平均至少要到 27 ～ 28 岁，前额叶才能发挥健全的功能和作用。所谓“懂事”，也就意味着这个人在思考、判断、决定先后顺序、情绪调整及控制冲

动等方面已经完全有能力来控制并完成。请注意，这里的 27 ～ 28 岁只是一个平均值。如果一个人比较晚熟，那么到了 35 ～ 40 岁，前额叶也有可能依然处于未成熟状态。所以，要求一个前额叶尚未发育成熟的孩子像大人一样思维和判断，那么孩子就会由于无法判断他人对自己的要求而陷入混乱之中。

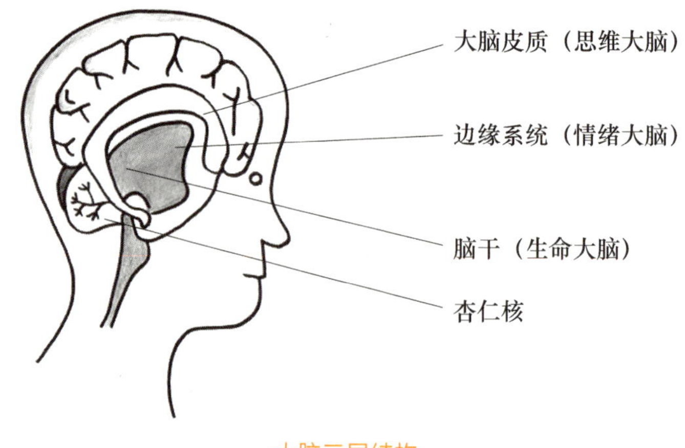

大脑三层结构

假设六岁的哥哥正在全神贯注地用积木搭城堡，结果四岁的弟弟跑过来一下弄翻了他的积木城堡。哥哥非常生气，也很恨弟弟的鲁莽，一气之下甚至可能会打弟弟。这时候妈妈最常用来教育哥哥的一句话是:“他不是弟弟吗？他还小呢！你是哥哥，你得让着他，照顾他，怎么能动手打他呢？”这就是针对前额叶的指令要求。但是对于前额叶尚未发育完成的六岁孩子，妈妈的这番话无疑像外语一样陌生难懂。本来城堡没了他就很生气，结果妈妈却视而不见，还埋怨自己打了弟弟，真是一肚子委屈。不被妈妈理解，受到妈妈的不公平对待，这样一来，孩子只能怀疑妈妈是不是不喜欢自己，还会觉得弟弟真讨厌！

稍大一些的孩子其实也差不多。小学生的前额叶尚处于未成熟阶段，所以只能是情绪感受先于理性思维。

“说几遍了，把屋子打扫一下！你看看，乱成什么样了？在这种环境里，怎么可能集中精神做功课？房子是心灵的窗户。你懂不懂？屋子里乱糟糟的，只能是……”

当你这样不停地唠叨时，如果以为会立竿见影地让孩子非常理智地回应一声“啊，对呀，我得把屋子收拾一下。妈妈说的每句话都是至理名言”，那你就错了。孩子很可能首先会对你的不友好态度做出反应：“妈妈总是唠叨个不停，烦（情绪）死了！我讨厌（情绪）妈妈的声音！要是妈妈能不管我就好了。”

我们要上楼梯时，不可能越过一楼，一步到位地到达二楼。要求前额叶尚未发育完成的孩子做出理性的判断，就好比直接试图跨上二楼一样。正如只有通过一楼才能步入二楼一样，只有先接受和理解了大脑的情绪，才能让前额叶做出合理的思考，从而做出正确的行动。

◉ 所有选择，让情绪来决定

大部分人可能都会认为，情绪往往会干扰人们做出理性判断。做出思考和判断，明明是大脑前额叶分内的事情。其实，倘若情绪大脑不能扮演好自己的角色，往往就会导致思维大脑无法正常发挥功用。

下面是戈特曼博士曾在自己的著作中引用的一段有趣内容：

艾略特曾因为脑部出现肿瘤，而进行了摘除手术，但这次手术损伤了大脑正中前额叶皮层。这个部位是负责综合情绪和思维的领域，控制情绪做出判断和决定。不过好在这种损伤并没有影响艾略特的思维能力。IQ 值和手术之前完全相同，而且他的运动能力和语言能力，甚至记忆力也没有丝毫减退，其性格也与过去完全相同。唯一不同的就是，自从手术后，艾略特不能再感受到任何情绪。

艾略特的主治大夫安东尼奥·达马西奥认为，艾略特的手术虽然出现了上面谈及的遗憾，但这并不会影响他的正常社会活动。虽然感受不到情绪，但其思维的大脑是正常的。然而事实上，艾略特的人生最终以悲剧告终。艾略特曾经是一家大企业的高薪管理者，在接受手术后由于无法适应公司环境，只好辞职回家。因为对公司的大小事务，他不能再做出任何决议。

暂且不说公司里各种错综复杂、亟待解决的大小事项，就连类似整理文件、决定聚餐地点及和客户约定时间的简单小事，艾略特都无法完成。尽管他每件事都深思熟虑到每个细节，最终还是无法做出决定，最后不得不辞职。他甚至还和心爱的妻子离了婚。

通过艾略特的痛苦经历，科学家们对情绪做了全新的评估。情绪并非只是消极因素，只会搅乱我们的理性，它对于人们做出正确判断和决定有所帮助，好比导航仪一样。

情绪远比我们想象中要高明得多。当人们面对一个艰难的抉择时，左思右想却无法决定，我们会在心里默想："听从自己内心的安排好了，也许那才是正确的答案。"这里所说的"心"并非头脑 mind，而是指心脏 heart（这两个词都常被译为"心"，但前者侧重思维、意图，后者侧重于内心的感情）。最新的神经生理情绪心理研究称，心脏本身具有同大脑神经细胞相同的神经元（神经细胞），它能对极其细微的情绪立刻做出反应，并在感受到积极、感激、怜悯、同情和爱意时，表现出相当稳定的心率变异性（Heart Rate Variabilty，HRV）。如果从神经生理学角度来说，当一个人的交感神经与副交感神经紧张和松弛保持协调与平衡时，才能集中注意力，保持头脑清晰，身体轻便，达到身心轻松的状态。概括地说，就是达到思维、情绪和行为一致的境界。这种状态即为“最佳投入状态”。

在艾略特的大脑中，因为控制情绪的部分受损，所以尽管他可以进行思维、逻辑及事实罗列，但无法判断出优先次序，进而做出选择。这就很像是一把弓箭空有“矢”而没有“的”，只能空放一箭一样，白费力气却不见效果。

心之所向往处，必定受到情绪的影响。虽然情绪的倾向理由无法用逻辑说明，但有一点可以肯定的是，心脏会立刻根据过去的经验，及时反应于情绪，并且直观迅速地感知应该前往何处。所以情绪就显得尤为重要，并且人们有必要摸索出能够合理应对自己情绪的方法，以免情绪做出“出轨”的选择。

◉ 情绪共享，越早越好

其实很多父母并不了解，在孩子小时候对他的情绪给予足够关注和理解的重要性。很多父母认为，孩子在到达一定年龄之前，家长即使不去深入孩子的内心，也能够在一定程度上控制住孩子的情绪。时而训斥、时而哄哄，并加以说服和教育，大多数时候孩子都能听从父母的意见。

但孩子一旦到了三四年级，进入青春期，情况就会大不一样。任凭家长怎么训斥、怎么说教，孩子都会无动于衷，让家长感觉就像对牛弹琴一般。不但如此，孩子还会抱怨父母根本不理解自己，跟父母存在代沟，干脆以无法沟通为由用沉默来抗议。这时家长会显得手足无措，表示费解："为什么过去乖巧听话、挺省心的一个孩子，突然就变这样了呢？"

事实上，改变的并不是孩子。只不过是孩子一直以来被父母强制压抑的情绪，不断地在内心积累，某一天终于如火山一样爆发了。平时自我情绪未能得到他人认可的孩子，大多抱着很大的自卑感，对自我有负面的印象，而且自我情绪调整能力很差，所以情绪往往表现得更反叛，做出的行为也更极端。一项研究结果表明，如果在新生儿时期能够和孩子进行情感交流，孩子的自我控制能力会更出色。这样的孩子即使受到惊吓或哭泣时，也会很容易做到自我安抚。那些受过情绪管理训练的婴幼儿，起到缓解紧张作用的迷走神经弹性更高，因此这些孩子比较容易恢复平静，对于压力的承受能力也更强。

年龄越小，父母的情绪反应会对孩子起到更绝对性的影响。因为孩子会本能地认为自己无法独立生存，所以父母喂孩子吃饭、给孩子穿衣、哄孩子睡觉，就如同控制孩子生存的必要存在。作为如此重要的人，如果爸爸妈妈能够读懂孩子的情绪，并适时给予反应，孩子就会感受到很大的安慰，并获得心灵上的慰藉，也就很容易自我安抚，并进行自我调节。

如果小时候没有及时获得情绪安慰，这些情绪在以后的日子里成为绊脚石的风险就很大。小时候因为父母离异或遭受虐待而受到心灵伤害，长大成人后依然无法摆脱这些问题而备受困扰的人比比皆是。

出生后的头两三年，是孩子和父母建立亲昵关系的最佳时期。这个时期孩子同父母形成何种亲昵关系，将会为孩子与他人及社会缔结良好关系树立一种典范。如果想要形成良好的亲昵关系，父母对孩子的情绪信号就应该及时做出回应。也就是说，读懂孩子的情绪，并给予合理的解决方法，孩子才不会感到不安，最终寻找到内心的平静。

英国的约翰·鲍比博士通过对婴幼儿期依赖感的研究，得出重要结论：通常在幼儿时期未能形成良好亲昵关系者，其后遗症可能会伴随一生；相反，从小接受良好的情绪管理训练，并获得情绪上的宁静时，其效果也会受益一生，二者同理。所以，我们建议，情绪管理训练应从孩子出生时就开始。

事实证明，这种情绪管理训练越早开始越有益。不过，即使是父母未能在孩子小时候及时与其进行情绪交流，导致孩子任性、发脾气、动不动就撇嘴……那也不必太紧张，现在开始也来得及。如果现在对孩子着手进行情绪管理训练，还是会很快起到良好效果的。通常，针对危险儿童和青少年的最初咨询，首先都是从情绪管理训练开始。那些曾经顶撞父母和老师，甚至辱骂加拳打脚踢施行暴力的问题少年，在接受 10 ～ 15 分钟情绪管理训练后，就会被神奇地驯化成一只温驯的羔羊。这种情绪管理训练，不仅适用于儿童和青少年，即使是对已成年的子女、配偶及顽固的婆婆等老人，同样是行之有效的。

接受情绪管理训练的孩子，变得不一样了

直至今日，仍然有许多人深信，IQ 指数高的孩子学习成绩好，将来成功的可能性也更高。但是不得不说，IQ 指数检测的只不过是大脑无限能力值中极小的一部分而已。实际上，在美国和欧洲国家，IQ 指数与学业满意程度、社会成功率、贡献程度等方面的相关系数连 10%都达不到。这项结果一公布，人们才开始不再热衷于 IQ 检测了。

但是接受过情绪管理训练，情绪稳定，擅长调节情绪（即 EQ 指数高）的孩子却要另当别论了。他们不仅学习出色，人际关系和社交能力也很出色，而且善于自我情绪调整，因此抗压能力更强。这项结果并非空泛的预测与假设，而是根据丹尼尔·戈尔曼博士的长期跟踪研究，经过科学验证得出的结论。

◉ 注意力集中程度显著提高

接受过情绪管理训练的孩子与没有接受过这种训练的孩子相比，其注意力集中程度要高出许多。有很多研究结果能证明这项理论，

首先让我们看一下情绪稳定与激素的关系。当情绪上感到不舒服时，心脏就会不规则地跳动，并且分泌典型的压力激素——可的松。可的松数值增加时，交感神经与副交感神经的和谐及平衡就会受到破坏，这时心脏向大脑发出的信息，相当于遭遇“打架或逃跑”似的单一回路。这是因为对恐惧和不安信息做出敏感反应的杏仁核拦截了本来去往丘脑的信息，因此导致无法向擅长做全面而深邃思维的前额叶发出信息。

人一旦有了精神压力，就会感到头绪繁杂，即使眼睛盯着书本也很难看得进只言片语，看半天也未必能记住书中的内容。除非是关系到眼前的生计不得不强打精神，否则很容易被周围琐事所干扰，这样一来，也就谈不上享受全心投入带来的快感了。凡事都会感到倦怠和烦躁，没心情细细体味，表现出焦躁与不安。

未接受过情绪管理训练的孩子，无法认清自身出现的情绪性特质，也不知道该如何应对。加上如果有人漠视、放任或压制他的情绪，那情绪往往会变得更为激烈。这种状态下，他很难做到集中精神思考问题。

接受过情绪管理训练的儿童，情绪表现稳定、身心舒适、睡眠安稳，对于不可预见的情绪情境及自身所处的状况有正确的认识，并具有独立的处理能力。因此，他们不容易随波逐流，也不会因为周围刺激的干扰而无法集中精神或做出敏感反应，而是能集中精神，投入到自己的事情中。

◉ 自主学习能力出色，成就感突出

孩子的自主学习能力强，往往会让家长感到非常欣慰和自豪。

就算给孩子报的学习班再多，天天耳提面命“学习呀学习”，如果孩子本身没心思和能力独立学习，那成绩根本没法提高。尤其是现在的孩子，自我学习能力很差。相比过去，投入学习中的时间是增加了不少，但是大部分都是按照父母的安排往返于学校和培训班，按部就班，早已习惯了这种被安排好的教育模式。让他一个人做功课？既没有心思，也不知道从何入手，这就是如今孩子的写照吧！

如果学习任务不多，难度也不大，家长施压让孩子做课外题或给孩子报个学习班，也许能收到一定的效果，但这种效果肯定是有限的。随着孩子升入高年级，如果其自身不具备独立学习的能力，家长再怎么努力，成绩都不可能有所提高。自主学习的核心是，首先弄清楚自己想要的究竟是什么，然后针对这个目标，让自己的情绪、思维和行为保持一致。

这与前面讲到的“先读懂孩子的情绪，使他理解自身的情绪，再协助孩子摸索解决方法的情绪管理训练”是一个脉络。所以得出的结论是，接受过情绪管理训练的孩子，自我主导学习能力更出色。

◉ 就算心情很差，也懂得自我调整

我们针对小学三年级学生进行了防火演练，以便更好地研究和了解情绪管理训练带给孩子的具体影响。实际上，这个实验的目标并不是看孩子们进行防火训练的熟练程度，而是观察接受过情绪管理训练的孩子和未接受的孩子之间的行为与态度区别。

训练一开始，两组孩子的反应就已经截然不同了。未接受过情绪管理训练的孩子显得很兴奋，所以不能较好地跟从指挥官的指示，显得慌乱无章。训练结束之后相当长的时间里，他们很难恢复平静，兴奋和骚动持续了很长时间。相反，接受过情绪管理训练的孩子，对于训练性质有明确的认识，沉着冷静地听从指挥，准确转移到指定地点。训练结束后重新开始上课时，他们很快就能投入到学习中。

自我调整能力差的孩子长大后，很可能因多种问题而困扰。如果是女孩，很可能诱发厌食症或暴食症等饮食障碍，还可能引起冲动购买倾向；而没有接受过情绪管理训练的男孩，在青少年时期，愤怒时容易伴随冲动或暴力行为，还可能过早接触吸烟和饮酒，经常迟到、早退、休学，甚至退学。成人后，如果心情很糟糕，无法进行自我调整，就会喝得酩酊大醉，乱砸家具或殴打妻子和孩子。这些大多都是从小没有接受过情绪管理训练的结果。

调查也表明，如果从小就接受过情绪管理训练，男孩长大后，情商更高，婚后生活中，家庭稳定程度和幸福程度也会更高。将来可能会有更多的女性希望能和情商高的男人结婚，而不是看重男人的智能或体能。如果这种趋势能一直持续下去，那么必定会为世界和平做出不可小觑的贡献。

◉ 心理免疫力强

如今，每个家庭的子女相比过去少了许多，大多是独生子女或两个孩子，而人们的生活与过去比较却改善了许多，因此，家长希望对孩子倾注更多的心力，不让孩子受到伤害。但是人生路上不可能一帆风顺，不可能天天都是乐呵呵的。我很理解为人父母的心情，希望孩子从小不要经历那些艰难或悲伤的事情，希望他们总像小太阳一样开朗、无忧无虑且快乐幸福。但期望孩子毫发无损地成长，根本是不可能的事情，也不可取。

这就像在无菌环境中养育孩子，反而更容易让孩子失去形成自然免疫力的机会，使他们很容易受到细菌的侵扰，普通感冒或很小的伤口也可能发展成肺炎或化脓，道理是相同的。没有悲伤的经历，即使有特别快乐的事情，他们也无法体验其中的快乐有多么强烈与真切。好比是下过雨后的泥土更加坚硬一样，孩子也应该经历一些或大或小的“受伤”，这样才能真正地慢慢成长。

受到伤害时能够克服的能力，即为抗挫能力或心理免疫力。心理免疫力并非只要经历过心灵伤害，就一定能形成。因被同伴取笑、被老师或家长训斥或因为成绩下降而伤心时，在感到孤独无助等负面情境中，只有能正确认识这些情绪并积极处理，才可能产生心理免疫力。如果孩子在这种情况下，没有任何人能理解他们的情绪，那孩子的心理免疫力反而会下降。所以，情绪管理训练是培养孩子心理免疫力的最基本方法。

即使在相同的情景中，心理免疫力强与弱的孩子反应也会截然不同。“你的眼睛是虾米眼，干瘪歪斜虾米眼”，面对同伴的取笑，心理免疫力弱的孩子就会觉得内心受到伤害。他会认为自己的眼睛小，很丢人，而且会更在意自身不够漂亮的地方，担心别人会继续取笑他，于是孩子会变得非常萎靡与胆小。相反，心理免疫力强的孩子就会对这些取笑的话满不在乎，甚至回应：“对呀，我就是虾米眼睛，那又怎么了？我可是千里眼，什么都看得清清楚楚呢！”

曾经有一个国际婚姻家庭中的孩子，因为经常受到同伴的取笑而变得很气馁，后来接受了情绪管理训练，重新恢复了自信心。金秀贤（化名）是小学四年级的学生，妈妈是菲律宾人，爸爸是韩国人。他有一双非常漂亮的眼睛，只是皮肤偏黑，所以从小学一年级开始，他就听惯了同学们的取笑，如“混血儿”“黑不溜秋”“臭烘烘”……本来孩子的性格非常开朗，但因为被同学们长期的挖苦和取笑，秀贤逐渐变得不爱说话，甚至开始逃避大人。

到了四年级时，凡是学校组织活动，他就哭嚷着不肯去学校，大热天也不肯脱下长袖衣服。秀贤的妈妈觉得如果想让孩子未来有出息，就只有好好学习这一条路，所以常常默默流着眼泪哀求孩子去上学。相比之下，秀贤爸爸的方法则强硬粗鲁了许多，他强迫孩子去上学，而且为了给孩子增强自信，硬是把儿子的长袖衣服“咔嚓咔嚓”剪成了短袖，逼着儿子穿着露出手臂的短袖衣服去上学。这件事之后，秀贤饭也不吃了，培训学校也不肯去了，极力躲避着爸爸妈妈，甚至无数次嘟囔着“还不如死了算了”。

当秀贤走进咨询室时，他始终低垂着头，显然是被爸爸妈妈硬拽来的。“我能想象得出你有多么不情愿来这里。”当我说出这句话时，这孩子竟然抬头望了我一眼。虽然还带有怀疑和戒备心理，但一直低垂着头的孩子能够把目光投向咨询师，这表示他有点兴趣了，而且对我也有了一点点信任。

“可以告诉我吗，你现在的心情怎么样？”我轻声问孩子。

秀贤眼中一下子噙满了泪水，回答说：“我觉得很累。”

“嗯。看得出，你肯定受了不少累。”

我就这样试着接受孩子的情绪，而孩子居然地轻易就向我敞开了心扉，吐露了自己的心事。他的父母在旁边静观这一切，看到儿子对相处十年的父母都不肯吐露心声，此时却愿意向见面不过两三分钟的咨询师开口，着实掩饰不住内心的惊异。

“那到底是什么事让秀贤感到这么累，可不可以跟我讲讲呢？”

孩子依然没拒绝。“我讨厌他们取笑我，那些孩子总喊我‘黑不溜秋’‘煤炭’‘黑猫’……这些难听的外号，还故意拿胳膊和我比较，我恨不能用长袖把胳膊藏起来，可是爸爸却说，要是我还要穿长袖衣服，那就去死好了！”孩子终于号啕大哭起来。

“原来是这样。这些事情真的很让人心累。老师在美国生活了很久，所以我能理解秀贤站在不同肤色的人群中时是什么感觉。”我表示出对他的理解，孩子逐渐平静下来。

随后，我给秀贤的爸爸妈妈留了作业，希望他们认真寻找秀贤身上的 50 个优点，同时也找一下自身的 50 个优点。总之，与秀贤见面，那是第一次，也是最后一次，他们的父母则又接受了两次情绪管理训练课程。尽管这样，效果还是立竿见影。孩子明显开朗了许多，和同龄人的关系也有了很大的改善，学习成绩也开始逐步提高。一晃三年过去了，如今秀贤早已是堂堂的中学生了。他的父母特意写来感谢信，信中感激地说：如今秀贤在同学当中人气很高，而且作为美术组成员，活跃于校内外的各种比赛中，多次获得金奖、特别奖及大奖，中学生活充满了快乐与活力。到了夏天，他也愿意穿短袖和短裤上学了，放假时就干脆换上了凉快的背心和短裤，不再在意别人的眼神。

欧美等发达国家，早已认识到心理免疫力的重要性，而且把教育的最大核心放在培养孩子心理免疫力方面。虽说韩国的家长对于子女的教育热情不亚于任何发达国家，但我还是不得不说，如果想让孩子真正幸福，做家长的不但要重视孩子的早期教育和英才教育，更应该注重通过情绪管理训练培养孩子良好的心理免疫力。

◉ 在同龄人圈子里关系融洽

对孩子来说，被他人排斥，就像受到严刑拷打一样令人痛苦。遭到排斥的孩子，所要承受的心理压力远远超乎成人的想象。通常在谈到排斥这个话题时，人们会认为问题出在那些故意排斥他人的孩子身上，而不是遭到排斥的一方。但研究表明，这些被他人排斥的青少年，最大的共同点是“情绪不成熟，情绪调整不如意”。被别的孩子稍微取笑一下，要么哭哭啼啼、咋咋呼呼，要么表现得很漠然，凡是这种对于自己和他人的情绪缺乏认识，也不能做出合理回应的孩子，被他人排斥的可能性会更高。

如果孩子接受过情绪管理训练，他就能很好地进行情绪调整。想要调整情绪，首先必须认清自己当前的情绪。通过情绪管理训练，孩子能毫无偏差地正视自己的情绪。一旦能够正视自我情绪，就可以让激动的情绪逐渐恢复平静，从而自然地掌握调节情绪的方法。而且，能够认清自己情绪的人，往往更能理解他人的情绪。善于调整自我情绪的孩子，也能够体谅他人，理所当然，其人际关系会更畅通，沟通会更有效。

由于孩子之间并不像成人的人际关系那样复杂，所以运用情绪管理训练，恢复效果会非常显著。孩子的交际网很单纯，如果合得来，就会嘻嘻哈哈玩成一片；如果磕磕碰碰，就会闹别扭，甚至打架。所以，只要能针对偏激的情绪进行正确的调整，就可以立刻让孩子恢复良好的交际关系。

◉对变化能够主动回应

接受过情绪管理训练的孩子，能够坦然从容地接受新的变化，并且能很快适应这种新变化。孩子出生后，在一定的成长时期内，会不断接触新的情绪。对于孩子来说，新的情绪就如同新的变化一样，是让人感到陌生和害怕的事物。每当孩子接触到这些新情绪时，家长们有意识地适时加以情绪管理训练，孩子就能自然轻松地接受新情绪，随之掌握调节情绪的方法。观察情绪管理训练的过程，你就能理解为什么会有这种效果了。

小学三年级的润吉酷爱运动，无论是足球还是棒球，样样都玩得相当出色。所以他和同龄人一起进行体育活动时，常常是当仁不让的绿茵场主将。有一次，他和五年级的哥哥们踢足球，没想到对方根本没把低年级的润吉放在眼里，只让他当守门员，这样一来润吉就完全没机会主动攻击了。对润吉来说，这是从来没有遇到过的待遇。他感到很沮丧，也没心思参加比赛了，索性躲在一个角落里哭了起来。这种感受他还是第一次经历，润吉没法用准确的语言来表达，只是无助地用眼泪来发泄。

妈妈发现了润吉的异常行为，开始为他进行情绪疏导："我们润吉肯定觉得很委屈、很难过。瞧，哭得多伤心啊。"

也许是觉得妈妈能理解自己的情绪，所以润吉哭得更伤心了。

“我想一定有什么事让你很难过、很伤心，对吗？可不可以跟妈妈讲讲，到底发生了什么事？”

妈妈亲切而温柔的话语，让润吉不由自主地止住哭泣，看了看妈妈。

“我本来可以踢得很好的。可是这些大哥哥们不让我主动攻球，只让我闪一边去！”

“原来是这样。润吉觉得可以做得很好，但是哥哥们不了解情况，不让你攻球，还让你到一边去待着。那听到他们这样说，你心里的感觉怎么样？”

“我觉得自己很没用，很微不足道，感觉自己就像一个泄了气、瘪瘪的足球一样。”

经过妈妈充满关爱的询问，润吉对自己此时的心情也可以认识得更清晰，而且能够更明确地将它表达出来。

“哥哥们不安排你攻球，只让你乖乖地守门，于是你觉得自己像个没用的人，所以就像个泄了气的皮球一样萎靡、微不足道。我能理解你有多不好受。”

润吉感到妈妈正在努力地做自己的忠实听众，努力理解和包容自己，而不是对自己的这种情绪劈头盖脸地加以责备和训斥，想到这里，他的心情顿时明朗了许多。

“其实妈妈觉得，我家润吉无论是攻球还是守门，都会完成得很出色。哥哥们从来没看过你踢球，只因为你年纪小，觉得不可能踢得好，就不分青红皂白让你去做守门员，是吗？”

“是的。我觉得我当前锋很棒，但是不让我做前锋，只让我当守门员，我觉得他们纯粹是欺负小孩。”

“嗯。也不问踢得好不好，单凭年纪小，就干脆不给你攻球的机会，只安排你当守门员。听起来是让人有点生气哦。”

妈妈所做的，只是如实地接受孩子的情绪。经过妈妈的倾听和包容，润吉显然没刚才那么压抑了。润吉对妈妈说，虽然自己守门也不错，但是攻球肯定会更棒。妈妈对孩子的这些话给予了充分的肯定，还讲了她小时候也有过相似的经历。

“妈妈小时候沙包玩得很好，可是姐姐们都嫌我小，以为我玩不好，就不带妈妈玩。”

“妈妈也有过这种经历？”

“当然了。妈妈因为也经历过这样的事情，所以特别能理解润吉的心情。”

“妈妈，那你当时是怎么解决的呢？”

“我呀，就自己在家练了好几天，然后对姐姐们说，我也能玩得很好，请带我一起玩吧！然后就和她们一起玩沙包石子儿游戏了。”

“哦。”

“润吉是不是很想踢足球呢？”

“嗯。特别想。”

“妈妈也特别想看看润吉踢足球的样子，不过，怎样才能和哥哥们一起踢足球呢？”

润吉若有所思地想了片刻，回答道：“我先自己多练练攻球，然后再找哥哥们，让他们带我一起玩。”

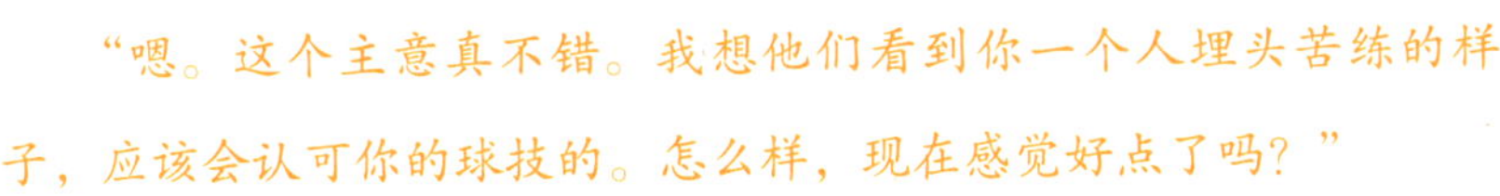

“嗯。这个主意真不错。我想他们看到你一个人埋头苦练的样子，应该会认可你的球技的。怎么样，现在感觉好点了吗？”

“嗯。好多了。我要出去练练球了。”

正如上面的对话所示，情绪管理训练可以引导孩子独立摸索出解决矛盾的方法。而且孩子通过情绪管理训练，不但不会害怕陌生的情绪，还可以培养他们主动处理各种情绪的能力。

◉ 对疾病的免疫力较高

戈特曼博士于 1980 年初开始，观察年满 4 ～ 5 周岁的孩子与父母之间的相互作用，并进一步研究其父母对于家族史和情绪的哲学观及态度。根据研究结果，将父母育儿类型分类为情绪管理型、缩小转换型、压抑型和放任型等。这项不带有刻意介入的跟踪调查，一直持续到这些孩子升入小学乃至成为青少年，最终戈特曼博士发现了令人惊奇的结果。

接受过情绪管理训练的孩子，不仅很容易找到内心的平静，同龄关系也很融洽，他们不但学习成绩优秀，社交能力和情绪发育等各方面也非常出色。对于这些优点，我们可通过海姆・G. 吉诺特博士的观察预测到。除此之外，研究人员还发现接受过情绪管理训练的孩子，他们与接受其他育儿方式的孩子相比，前往医院就诊的次数要远远低得多。他们的身体发育良好，平均身高也高出同龄人，患感染性疾病的概率更低。研究人员推测，这可能是由于接受过情绪管理训练的孩子，在相同条件下所承受的压力更少，而且一种叫免疫力细胞的 T 细胞数量更多，其活跃性也更高。

在随后的多次实验中，我们发现情绪管理训练可以给人以情绪上的安慰，有助于提高自尊心，即使遭遇困难和心灵伤害，也能帮助人们很快从阴影中恢复过来。也就是说，情绪管理训练不仅让人心灵强健，还会让身体更健硕。

接受过情绪管理训练的孩子，所承受的压力的确要少很多。压力是万病之源，现代人的疾病大多都是源于压力，压力会直接给身体带来致命的恶劣影响，这么说毫不夸张。压力会破坏人的体内平衡，降低免疫力。如果压力减轻了，那对于疾病的抵抗力自然也会增强。接受过情绪管理训练的孩子，他们患流感或中耳炎等感染性疾病的概率更低，这点同样已得到证实。

2 培养出勇于表达情绪的孩子

能够率直表达自我情绪的父母，也能更了解孩子的情绪

如果没经历过失恋，那就不可能真正了解失恋的人是多么痛苦，或许头脑中可以大致想象出对方的心情，却不可能完全感同身受。如果无法用心体会，即使口口声声说“我理解，我明白”，诚恳地点头表示认同，依然不可能获得对方的信任。就算你用尽浑身解数去安慰别人，由于你并没有亲身经历过，所以即使嘴上说的再怎么头头是道，还是无法开解陷入痛苦中的人。

情绪管理训练也不例外。如果家长一直以来都将别人的敌对情绪看作是“坏情绪”，每当看到他人怀有这种情绪时就努力否定和压抑，那当自己的孩子有一天表现出敌对情绪时，试问他们如何能坦然接受并包容呢？尽管他们嘴上可能会说：“小孩子会有厌恶和敌对心理，这很正常。”但在骨子里，却会对孩子表现出这种情绪而怀有排斥心理：“小孩子竟然会怀着这样恐怖的坏心思，成何体统？”一旦到了这个地步，那情绪管理训练只能以失败告终。想要理解孩子

的情绪，并且包容这些情绪，家长就应该先对自己的情绪有正确的认识，认识情绪不同于表达情绪，不一定要流露出来。只要能够认清涌动在内心的是什么情绪，就可以了。

◉ 陌生的自我情绪根源——了解元情绪

有这样一位爸爸，可以说是善解人意型爸爸，无论孩子闯了多大的祸，从来都不会动怒，而是耐心地开导孩子，孩子当然也非常喜欢爸爸。无论是孩子功课退步了、沉溺于游戏之中，还是在外面玩到天黑了也不回家，甚至是撒谎了，这位爸爸都能尽量控制自己的情绪，不对孩子发火，始终温和且耐心地开导孩子。

不过，凡事都有例外，别看这位爸爸的好脾气达到了一定境界，但对于一件事却是绝对不能容忍的。一旦孩子大声吵嚷，昔日温和的爸爸就会瞬间变成猛狮一般，气急败坏到声音都会跑调。“没大没小，竟敢在大人面前大吵大闹，太没规矩了！”训得孩子“啪嗒啪嗒”掉眼泪才算完。一场暴风雨之后，爸爸又会自责得不得了。爸爸想到孩子可能是有情绪才会大声吵嚷的，而自己对孩子的情绪却漠视不管，劈头盖脸地加以训斥，未免过于认真和严厉了。想到这里，他就会对自己方才的失态懊悔不已。

究竟是什么原因，让温和慈爱的爸爸只要一看到孩子吵闹，就会失去理智了呢？想要找出答案，就必须从情绪的源头开始分析。其实，爸爸这样讨厌大声吵嚷是有原因的。

原来，这位家长从小生长在家教严格的家庭中。他的父亲是军人出身，在养育子女方面，也将军队的严厉风格贯彻其中。孩子们哪怕有一点点违命都是绝对不允许的，对孩子们来说，只有两个字——服从。每天父亲从外面回来，孩子们就像受了惊吓的小鹿一样，甚至不敢大声呼吸。要是哪天父亲喝了酒回家，那日子就更不好过了。父亲会召集所有的孩子立正站好，严加训斥，俨然将军训话一般，几个小时下来，孩子们通常是耳朵嗡嗡作响。在父亲的高压管教下，孩子们透不过气来，甚至想离家出走，只是因为不忍心抛下可怜的妈妈，最终放弃这种想法。父亲对母亲不近人情的折磨，孩子们也看在眼中，他们怎么忍心丢下妈妈一人而远走高飞呢？

爸爸天生讨厌和排斥大嗓门，探究其情感的背后，细细分析其原因，原来是爸爸因为从小就对大声训话的父亲充满了恐惧感，一听到父亲大声训斥就胆战心惊，于是对父亲有畏惧、讨厌、愤怒、无奈和不安等情绪。类似这种不以单纯的情绪告终，而是在其背后又有其他情绪做铺垫的情绪，我们称之为“元情绪”。英语称之为“meta-emotion”，这里的“meta”意为“在……之后”“超越”。所以元情绪又可以理解为“情绪背后的情绪”或“超出情绪的情绪”，是指对于情绪的想法、态度、观点和价值观。

元情绪以无意识反应形式出现

元情绪主要形成于幼儿情绪形成阶段，受这一阶段的经验、环境及文化的影响。由于是在漫长的过程里于无形之中形成的，而且会在相似情形中无意识地表现出来，因此本人通常不知晓元情绪的存在。

有一位女教师，30 多岁，挺喜欢孩子，也热爱教师职业，但是她看不惯学生吊儿郎当的样子，可以说达到了忍无可忍的程度。这位老师坦言，看到那些不稳重的学生，就有股火从嗓子眼里冒出来，让她气愤难忍。不过对于自己为什么会如此看不惯这种学生，她也说不出个所以然来。

我问她："还记得是从什么时候开始有这种感觉的吗？"

刚开始她略显犹豫，后来还是小心翼翼地开了口："大概是从中学时开始的吧。"

"那是因为什么人或因为什么事产生了这种情绪呢？"

"因为伯父。"

"除了伯父，还有更亲近的人吗？"

女老师停顿了一下，略想了想，说："还有爸爸也是……"说到这里，她就说不下去了。

在她的记忆里，爸爸和伯父从来都没有为养家糊口挣过钱，却像有钱的老爷似的，一身笔挺的西服，穿着白皮鞋四处闲逛，家里的一切全部抛在脑后。可怜弱小的妈妈要肩负养家糊口的重任，给别人做些零活或摆摊卖些小商品，凡是能添补家用的事，妈妈都努力去做。虽然她当时年纪还小，但看到父亲的不负责任和母亲的辛苦劳作，慢慢开始对吊儿郎当、不务正业的人产生了痛恨之感。正是这种厌恶感潜藏在潜意识之中，于是每当她看到不稳重或花哨的学生，就会不由自主地产生痛恨、气愤、厌恶和排斥感等错综复杂的情绪。

相同的情境，元情绪不一定相同

我曾经面向很多教师做过情绪管理训练。其中有位小学老师讲到，对于孩子们喧哗和打闹，他是可以容忍的，毕竟那是孩子们的天性，但如果有谁在课堂上嚼泡泡糖，那他就会不客气了，会立刻教训学生一通，并罚站。

“当你看到学生在嚼泡泡糖时，心里是什么感觉？”

这位老师说，孩子的这种举动会让他觉得学生没把他放在眼里，甚至是在取笑自己。

“那过去有没有什么事，让你心里产生过类似的感觉呢？”

“哦，有过。那是我小时候发生的事。有一次，我正嚼着泡泡糖，爸爸突然问我什么事情，我就边嚼泡泡糖边回答爸爸的问题。没想到爸爸一巴掌打过来，很痛。爸爸当时很生气，骂我没大没小，在大人面前嚼泡泡糖，样子很凶。从那以后，不管是谁给我泡泡糖，我都很排斥，绝不会嚼泡泡糖。”

说到这里，这位老师似乎突然领悟到了什么，惊叫道：“哎呀，这么一说，好像并不是因为那些嚼泡泡糖的孩子们有多不礼貌，我才会这么大发雷霆，都是因为我自己内心的元情绪，才会让我看那些孩子时，感觉他们很无礼。”就这样，他自然地意识到潜藏于内心的元情绪。

为了进一步了解人们对于嚼泡泡糖的情绪反应，我又问了一起听课的其他几位老师。

“如果学生在嚼泡泡糖，老师看到后是什么感觉？”

答案却五花八门。

“没什么感觉。”

“只要不发出声音，那就没什么。”

“吹泡泡糖给人感觉就像是玩闹一样，让人讨厌。”

“泡泡糖？我会和别人比赛谁吹得大。”

“只要不是上课时间，那就无所谓。”

“吃过中午饭，我会给每两个同学分发一个泡泡糖，让他们分成两半嚼，我希望这样可以培养他们分享的好习惯。”

看到一块小小的泡泡糖竟然可以融入如此多样的情绪，老师们似乎也觉得很神奇，像发现了新大陆般兴奋和热闹。

除了上述负面情境中产生的负面元情绪，还有正面的元情绪。

有个爸爸看到儿子写字歪歪扭扭的样子，脸上像开了花似的，绽放出幸福的笑容。于是我问这位爸爸，过去是否有过与此相似的经历。

爸爸说，小时候他是由奶奶一手带大的，奶奶为他撑起了一片爱的天空。奶奶虽然目不识丁，但看到孙子像模像样写字的样子，就觉得既满足又自豪，常常会夸赞道：“我的孙子真是了不起！太棒了！”

不认清元情绪，就无法进行情绪管理训练

认清自身的元情绪，这点很重要。如果认识不到自身存在的元情绪，那就无法读懂孩子的情绪。向来讨厌别人大声说话的爸爸，由于他没有认清自身的元情绪，所以当孩子不顺心而发脾气或发脾气时声音大了，爸爸就会急于发泄自己的元情绪，根本无暇感受孩子的情绪，当然不可能读懂孩子的情绪。

女老师讨厌看到学生吊儿郎当的样子，也是由于自身的元情绪而造成的。于是当看到这类孩子时，她就会怒不可遏，无法进行正

常的情绪管理训练。不仅无法解读孩子的情绪，还会批评和训斥孩子，甚至给孩子的内心造成伤害。如果老师能意识到自己内心潜藏的元情绪，就不会劈头盖脸地训斥孩子，也不会误以为自己的眼光就是评判所有人的正确标准。

认清自身情绪，是情绪管理训练的前提条件。如果自身存在元情绪，不必刻意去区别自己的元情绪是好是坏，不用因为元情绪会给情绪管理训练带来负面影响而全力否定它，甚至试图消灭元情绪。其实，只要能清楚认识到自身的元情绪，就可以了。

一旦意识到自身的元情绪，就不会盲目责怪孩子、惩罚孩子，并强迫孩子改变，而是会尝试以下三个步骤，即通过“我一转达法”来传递元情绪。

1．首先站在中立的立场述说当时发生的情境；

2．描述当时的情绪；

3．提出你的要求（期望）。

我们可以把上面讲述的实例，用这三步骤来分解：

“爸爸小时候，只要爷爷大声发脾气（情境），就会感到非常害怕和讨厌（情绪）。所以当你大声说话时，我也会不知不觉地发火，情绪激动（情绪）。我希望我的宝贝和爸爸说话时，能温柔点、轻声点（要求）。”

“老师如果看到我的学生态度不诚恳、不够真诚（情境），就会非常生气（情绪）。可能是因为小时候对我来说很重要的人身上也有这些毛病，导致我的家人受了不少苦。我想我现在看到学生吊儿郎当就忍不住生气，也是这个缘故吧！如果我的学生每天上学都能展现出端庄的面貌，那我将举双手欢迎（要求）。”

“老师看到有同学在嚼泡泡糖时（情境），就会感到很不舒服（情绪）。可能是因为小时候我嚼着泡泡糖回答大人的问题，被狠狠训了一通而受了惊吓的缘故。所以，在我的课上，请同学们尽量不要嚼泡泡糖（要求）。”

认识“我”内在的元情绪

元情绪是在无意识的情绪状态下表现出来的，所以如果不是刻意想要了解自己的元情绪，就很难对它有清楚的认识。当你在某种情境中表现出过分敏感的反应时，那就要怀疑自身是否存在着从未意识到的某种元情绪；然后追溯一下，究竟是从什么时候开始有了这种情绪，这样就容易找出元情绪的根源了。即使没有特别的情境，可以让你意识到自身可能存在的元情绪，只要按照下列问题逐一检测一下悲伤、愤怒、憎恶和嫉妒等情绪，也会对理解自身元情绪非常有益。下列提问为“戈特曼元情绪检测表”。当然，最好将每种情绪都进行自测，下面仅以“愤怒”和“悲伤”为例进行介绍，以帮助你更好地了解元情绪。

关于愤怒

小时候是否有过愤怒的经历？

家人都是如何表达愤怒的？

当你愤怒时，父母的反应如何？
你的母亲生气时，是什么样子？
你的父亲生气时，是什么样子？
是什么让你那么生气？
生气时你会做些什么？

关于悲伤

小时候是否有过悲伤的经历？
你的家人都是如何表达悲伤的？
当你悲伤时，父母的反应如何？
你的母亲悲伤时，是什么样子？
你的父亲悲伤时，是什么样子？
是什么让你感到悲伤？
悲伤时你会做些什么？

同样，我们可以用憎恶、嫉妒、恐惧、喜悦、吃惊、厌恶、失望和爱等其他情绪替换以上提问，再写下对应的答案。认识元情绪并不是一件简单的事情。有些人由于害怕一直深埋在记忆深处的痛苦记忆被重新提及，就不敢正视元情绪。其实不必勉强，只要在自己能够承受的范围内回忆就可以了。如果不能面对，即使你强迫自己去追忆，也不可能轻易记起来，所以还不如以坦然的心态来面对自己的元情绪。元情绪由多层次组成，每次可以先了解一个层面，下次再做相同的元情绪练习时，就会有新的记忆或领悟。

◉ 唤醒内在小孩

能够调节情绪和没有情绪，是完全不同的两个概念。如果悲伤时不懂得表露悲伤，生气时不懂得表示气愤，开心快乐时也不懂得感受喜悦，恐怕没有比这个更让人感觉不幸的了。没有情绪，感觉不到情绪的人，即使活着，也如同枯木一样，活得不生动，没有情趣。

“孩子”与“成人”的和谐与均衡，塑造健康的自我

随着年龄的增长，成了大人后，我们依然能够感受到丰富的情绪。但个体感受到的这种情绪并不都是可以肆意宣泄的，需要人们理性的调节。如果想要做到这一点，即使在成人后，也要具有孩子一样细腻丰富的感性一面。用孩子的感性，体验丰富多样的情绪，再用成人的理性，进行合理反应和调节，成就健康的自我。

从人类发展研究来看，心理健康的人，成年后依然拥有健康的“孩子”倾向。孩子都是以自我为中心，用感性看待事物，容易冲动，好激动，生机勃勃，对于想要的东西希望立刻就得到满足，并且哭哭笑笑，爱发发小脾气，随时都在表达各种情绪。如果一个人成年之后，依然能童心未泯，就会体验到纯真无比的生命力。

但也要具备“成人”的一面。像个大人一样，懂得忍耐，自己讨厌的事情也能够去做，学会忍让、守法、关心他人及懂得礼貌，还应具有能将“孩子”和“成人”这两个相反角色协调平衡的健康的自我。

进行情绪管理训练时，家长首先要如实接受子女“孩子”的反应，和子女形成纽带和信赖感之后，要再引导他一点点变为“大人”，角色好比是一个随行顾问。孩子没必要按照大人拟定的模式来行动，拔苗助长地让孩子做个“小大人”，这对孩子的成长有害无益。对于子女表现出来的“孩子”的反应，不必训斥、责骂或加以批评，而应该如实地包容孩子的情绪，让他们做出符合年龄的合理行为。重要的是，由于在这个过程中，孩子得到了父母的尊重，并且对所发生的情境有了客观的理解，所以有助于孩子自然形成健康的自我。

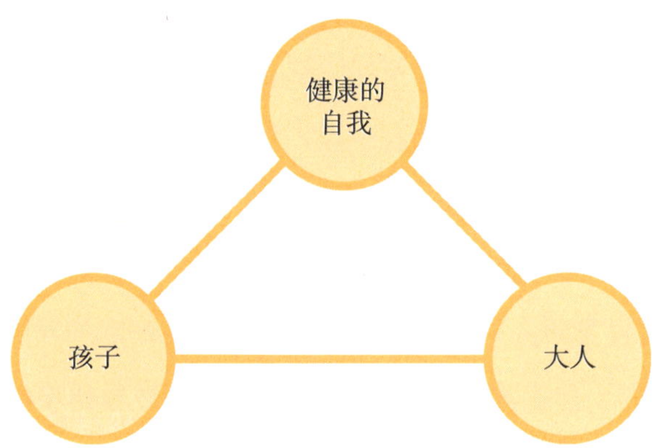

关系中“孩子”与“大人”角色要平衡

进行情绪管理训练的家长或老师，倘若内心没有“孩子”的一面，就很难读懂他人的情绪。记得几年前，有一位叫金贤美（化名）的妈妈（37 岁）来接受咨询。她有个五岁的女儿，由于女儿任性不听话，这位妈妈动不动就打孩子。不知从何时开始，孩子开始出现口吃的症状，甚至突然出现了遗尿现象。经过对这对母女的仔细观察，我发现贤美妈妈对孩子管教得过于严格，在许多方面都约束着孩子的行为，让孩子感到相当萎靡。孩子不能控制小便和口吃的现象，都是因为极度紧张和不安导致的压力所带来的后果。如果孩子不紧张，说话便非常流利，并不存在问题。由此可见，这种口吃只是某种特定情景时出现的短暂现象。

我问这位妈妈，看到孩子玩闹、嬉笑或生气时，妈妈会有什么感觉呢？

她说这样会显得很幼稚，无法接受，于是她会大声训斥孩子，制止孩子继续下去。

我又问她，记忆中她的父母是什么样子的。

她回忆道，五岁时，种棉花的爸爸由于心脏麻痹突然病逝，只剩下妈妈一个人拉扯着孩子们。由于生活窘迫，妈妈不得不把三岁和一岁的弟弟推给当时只有五岁的大姐贤美照看，而她自己忙着做化妆品推销员，成天在外奔波忙碌。从那时开始，贤美就担负起了妈妈的角色，给弟弟们弄吃的、换尿布，俨然是个小家长。直到现在，两个弟弟依然在经济上依赖着自己，这些都让贤美感到累得喘不过气来。

在贤美的记忆中，儿时的她从来没有像其他孩子那样在外面尽情玩耍过，在学校里也是个听话乖巧的好学生。这样的她，对于女儿的幼稚表现颇为费解，经常抱怨："女儿都五岁了，怎么还表现得像个孩子似的不懂事？"

对于个体来说，健康的"孩子"与"大人"角色之间需要一种平衡，而不同个体之间的相互关系同样需要一种平衡。如果妈妈过大地夸大“大人”的角色，为了保持一种平衡，女儿内心的“孩子”就不得不按照相应的比例变大。也就是说，妈妈越强调“不许这样、不许那样、当心、别吵、别闹、别哭……”时，孩子就会变得更加“孩子”气，不会像妈妈期望的那样变得像个大人般懂事，而是会变得更加任性、不听话、耍赖、哭闹，甚至退步到不能控制小便的程度。

再看看金贤美的丈夫。贤美抱怨道，丈夫自私，缺乏责任感，经常喝酒到半夜才回家。周末时，他整天坐在电脑和电视机前，没个“大人”样。她失望地说，不知道为什么，她身边净是一些不争气、不像话的人，让她很困惑。

站在金贤美的角度看，她认为这都是他人自身的问题，但其实问题的根源在于金贤美自己。由于金贤美充当的“大人”角色过于放大，所以相对而言，周围的人只能以“大孩子”的角色来保持平衡。我建议她不妨放下“大人”的包袱，尝试着陪孩子一起玩，一些自己难以处理的事情尽可能请丈夫帮忙。对于两个弟弟，不妨坦诚相告，让他们知道如今姐姐维持自己的家庭已经够不容易了，能不能伸手帮助一把。

结果令她意外。当她不再对女儿没完没了、不满地唠叨，而是真诚地陪她一起玩耍，试着理解女儿时，孩子也开始主动理解妈妈、安慰妈妈，甚至主动帮妈妈做些简单的事情。

更让她感到吃惊的是丈夫的变化。过去丈夫几乎把家里所有的事情都推给妻子，只顾自己，自私无比。但如今他不仅能陪孩子玩，做个好爸爸，还能分担一些家务，做个好丈夫。金贤美对孩子进行的是情绪管理训练，对老公则采用了三步骤对话法。

金贤美掩饰不住高兴地说，自从学习了情绪管理训练，她寻找到了自己内心里那个健康的“孩子”。自己不再是只顾着家人而牺牲自己的妻子、妈妈、姐姐、女儿或邻居，她学会了适时向他人请求援助，让生活充满了笑容与悠闲，使人生变得更丰富多彩。

我为金贤美留的作业是删掉“必须”，换成“希望”。不要说“要迟到了，必须赶紧送孩子去幼儿园”，而要说“我希望孩子能按时上学”。这样一来，不仅话语变得柔和了许多，孩子似乎也意识到了自己要做的事情而变得懂事，像个“大人”了。过去通常要用军队似的命令口气，说：“快起来！幼儿园的接送车马上就到了，赶紧刷牙！快点！马上！”现在只要说：“妈妈希望你能吃好早饭再上学，如果饿着肚子去上幼儿园，妈妈会担心的。”孩子就会很乐意地起床，准备上学。

内心拥有“童心”，才能更好地与孩子沟通

还有个例子和金贤美很像，张秀景（化名，43 岁）也是过早懂事的人。出生时，她就没了爸爸，和妈妈相依为命。在单亲家庭长大的孩子，往往会过早地成熟懂事。孩子看到一个人肩负养家糊口的爸爸或妈妈，会产生一种自我约束感，不愿意让爸爸或妈妈为了自己而变得更辛苦。他们不像其他孩子那样，央求爸爸或妈妈买玩具或好吃的零食，甚至哪里不舒服了也不轻易表露出来。

张秀景就是这样长大的。小时候，她经常看到独自流泪的妈妈，那时小秀景就默默告诉自己，绝不能让妈妈受更多的苦。她觉得妈

妈一个人很可怜，也害怕妈妈会因为生活的艰辛突然有一天弃她而去，这种不安的感觉一直伴随着她，使她成为一个乖巧不惹事的孩子。

由于只有妈妈的陪伴，孤独感从来没有离开过她，秀景憧憬着以后能拥有一个幸福的家庭。成人后，她终于如愿以偿，遇到了一个好丈夫，还生下一个可爱的孩子。但是秀景无法忍受孩子的莽撞和调皮，只要儿子稍有一点让她看不顺眼的行为，她就忍不住大发雷霆，训斥孩子。

“真不知道这孩子是怎么了？八岁了，还管不好自己，这么大了还经常尿裤子。”

原来她的儿子经常还没小便完，就急忙提着裤子跑出洗手间，任她怎么提醒和纠正，都没什么改变，这让她非常恼火。

“孩子那么着急从洗手间出来，有什么原因吗？”我问一脸苦恼的秀景。

“应该是急着玩吧？”

原来秀景是了解孩子想法的，但她不能接纳、包容孩子的情绪，只知道干预和控制。这样一来，无论是孩子还是妈妈，都不可能感到幸福。从小开始就控制自己的情绪，像大人一样要求自己的秀景，很难理解小便不利索的儿子，这是因为她自己的内心里没有童心，所以她无法用心体会儿子想玩的心情。

重归童心，才能更好地了解孩子的情绪。戈特曼博士表示，无论是谁，内心都会有孩子的一面。所以，只要你童心未泯，就能更深切地理解孩子的情绪。

游戏的重要性

孩子通过玩，了解世界，学会成长

如果在 21 世纪，还有家长或老师认为玩是浪费时间，那实在是一件悲哀的事情。如今，游戏的重要性越来越被研究人员高度重视。通过玩，孩子可以在认知、情绪、社交及发育等诸多方面获得不小的益处。

如果学习也能像游戏一样充满乐趣，孩子就会对学习兴趣盎然，即使没有人监督，也可以学得很认真，哪怕大人劝他休息，孩子也会坚持完成学习任务。另外，大人期望孩子具备的遵守规则、懂得谦让、互惠互助、创意能力、激发兴趣、努力、热情、指导能力及协作能力等诸多品德、个性、能力与才智，可以在孩子的玩耍中得到积累和培养。

玩如此有效、如此神奇，家长却只知道让孩子端坐在书桌前做功课，一副无比严厉的样子；非要营造出一种沉闷、不安的气氛，逼迫孩子学习。难道一家人其乐融融的情景，已被近半个世纪急剧产业化、城市化和竞争激烈的考试制度挤到云霄之外了吗？

哈杜普博士称，孩子之间相互玩耍的本领，在出生后六个月就开始显现。这个时期的孩子已经表露出对其他孩子的关心和兴趣，会用手指指或冲他笑笑。过了周岁，孩子就倾向于进行平行游戏——各玩各的玩具了，彼此之间并没有什么互动。但他们会留意对方玩的样子，如果其中一个孩子笑了，那另一个也会跟着笑，他们能够对其他孩子的行为做出反应。

15 ～ 18 个月时，他们不再停留在相互简单观察的程度，而是开始进行简单的社会性游戏。孩子在玩的过程中，会把自己的玩具分享给别的孩子玩。到了两周岁，他们就可以按照特定主题做游戏，并且能按照规则调换顺序来进行游戏。例如，刚过两周岁的孩子已经能理解捉迷藏游戏中角色自换的规则，并进行模仿。

一旦到了入园年龄，孩子就可以玩更多协调性的游戏，还可以发挥想象力，玩过家家游戏或模仿大人给朋友打电话。

到了更大一些的时候，孩子的想象力则像插上了翅膀，变得更丰富。一个普通的盘子，可以被孩子拿来当汽车的方向盘；一根小棍，在孩子眼里却会摇身变成将军的宝刀或魔法师的神奇魔杖。一些致力于游戏效应的研究人员深信，这个时期的想象力游戏，无论对于孩子的词汇量、构词能力和表达能力，还是记忆力和类推能力等全方位认知发育，都具有非常重要的作用。

游戏对于情绪发育也有非常大的影响。例如，孩子在这个时期可能会对黑暗持有恐惧心理。这时，可以通过一个娃娃，让孩子认识和表达恐惧情绪，并帮助他消除这种恐惧心理。通过想象游戏还可以设定各种情境，让孩子用安全的方式来探索恐惧、愤怒、自豪、喜悦、惭愧、悲伤和惊吓等各种情绪。

有一段时间，精神分析学曾把学龄前儿童与想象中的人物进行对话或情绪交流的现象，视为一种精神病症状。但现在的观点正好与此相反，孩子同想象中的人物做游戏，是非常值得推荐的，这已经得到验证，与想象中人物做游戏的学龄前儿童和其他孩子相比，实际交到的朋友更多，社交能力更强，而且更善于分清想象和现实。

◉ 不要隐藏你的情绪，自然流露出来

其实许多父母都吝啬于情绪表达。生气时，假装没生气；伤心时，努力掩饰自己的伤心……理由是多种多样的，可能是想在孩子面前维护家长不被情绪影响的坚强一面，也可能是不想因为自己的情绪失控而无意中伤害了孩子。

其实，如果父母不能管理好自己的情绪，会给孩子带来很大的伤害。无法进行情绪调节的父母，通常会强烈地感受到愤怒、悲伤、恐惧和憎恶等情绪，而且觉得很难克制这些情绪，这会妨碍他们进行正常的社交活动。工作时可能会经常引起事端，无法正常上班，导致借酒消愁等行为。

越是无法控制自己情绪的父母，由于讨厌自己的这一面，所以具有极力控制自己情绪的倾向，就像戴上面具一样，试图掩饰自己的情绪，表现出漠不关心或无动于衷。虽然，他们有时也会做出想要沟通的样子，但仅仅是表面而已。他们的真实想法是，与其流露出真实的情绪，还不如将其掩饰在心里。

一项研究结果表明，如果父母掩饰自己的情绪不愿意表露，那其子女相比其他家庭环境中长大的孩子，其情绪控制能力就会差许多。这里所说的情绪表达，要与那种因无法控制而发泄的激烈表现相区别，它们是两种不同性质的概念。情绪表达并不等于情绪发泄，它是指认清和正视自己的情绪。

“妈妈现在很生气。”

“爸爸不希望让你成为胆怯懦弱的人。”

“你受了伤，妈妈很担心，也很害怕，觉得非常内疚。”

“我不小心摔碎了盘子。唉，真是上火。”

“刚吃完晚饭，爸爸也想偷个懒，等会儿再刷碗。”

“爸爸现在很生气，不想说话。”

“你没有完成作业，老师感到很失望。”

就像这样，认清当前的情绪，而且明确地把这些情绪表达出来。

通常，在和他人相处时，如果对方是不轻易表达情感、深藏不露型的人，我们就会觉得很难与这种人交往，无法与他变得很亲近。也许这种人可以成为业务上不错的合作伙伴，但他们很难和这种人成为袒露心扉、无所不谈的朋友。父母和孩子之间也是如此。如果父母总是隐藏自己的情绪，孩子就会逐渐疏远父母。孩子都是通过父母来学习应对不同情绪的经验的，而生活在掩饰型家庭中的孩子，几乎没有学到这些东西的机会。

掩饰情绪另一个不好的原因是，如果有情绪而不及时表达，一直深埋在心底，迟早会像火山一样爆发。即使没在孩子面前表露，也迟早会在配偶或其他人面前发泄出来。这样的情景一旦让孩子看到，情况就更糟糕。孩子对于父母在相同的情境下做出的反应，会觉得莫名其妙，分不清孰是孰非，从而变得彷徨迷惑，继而失去从父母身上学会正确应对情绪的机会。

担心控制不了情绪而掩饰情绪，就好比因噎废食。当孩子做出让大人生气的举动或孩子惹是生非时，大人流露出生气的情绪，这些都是正常的，只不过家长在情绪表达方式上应稍加注意，千万不能打孩子或施以语言暴力。要尊重孩子，和他沟通，弄清楚孩子究竟是因为什么而做出如此举动，耐心帮助孩子认清当时的情绪和内心感受；而孩子会在家长的话语和举动中，感受到家长对自己的关注，从而加深对父母的信任。

当情绪激化，无法和孩子进行理性对话时，家长应该给自己一些时间让自己的情绪平静下来。科学上有效的自我平静方法是，平缓而匀速地深呼吸三四次，整个过程需要 20 ～ 30 秒。和理性（思维或逻辑）相比，我们的心脏对于感性情绪的反应更迅速，其速度据说堪比光速。类似愤怒与惊吓等负面情绪，会让心脏不规则地跳动。心率不规则时，就会分泌出压力激素，并向大脑和全身发出危险信号，使全身细胞都处于攻击或防御状态，在这种状态下是很难接纳和理解别人的情绪的。另外，在这种状态下，人的视觉也会变得非常狭隘，眼睛里除了自己想要看到的东西再也容纳不了其他东西。

如果这时强迫自己恢复内心的平静，勉强自己把事情朝好的方向去考虑，往往会把事情弄得更糟。因为此时的状况与自己的主观意愿无法达到统一，无法让内心的真实想法和情绪获得一致，就会承受更大的内心压力，只会让烦躁与生气倍增。这时最好进行均匀且缓慢的深呼吸（呼气和吸气各约五秒），只要心脏恢复稳定的跳动，就可以使人恢复至平静状态。这时，如果能在内心重温一些值得感恩的心情，体内则会分泌出一种叫 DHEA 的物质（脱氢表雄酮，dehydroepiandrosterone，简称 DHEA，具有活化人体自愈力的功能）。这种激素分泌三分钟，便足以发挥两小时的效力。当 DHEA 激素分泌长达 15 分钟时，甚至可以维持 8 ～ 10 小时的效力，使人在这段时间内保持心平气和。

30 秒呼吸法，让激动的心情恢复平静

情绪激动时，不可能进行情绪管理。首先要调整自己的情绪，待情绪恢复平静后，再进行情绪管理训练。恢复平静有多种方法，下面介绍的这种方法不但不受地点和时间限制，操作也非常简单，效果却很明显。这便是调整“呼吸”并学会由衷地“感恩”。这种方法是由美国心脏数学（HeartMath）研究所发明，其效果已获得验证。

1. 将右手放在心脏上方（或腹部）（集中精神，感受心脏的跳动）。

2. 深切且缓慢地吸气，持续五秒（通过手心感受心脏“嗵嗵”地跳动，如果吸气过猛，可能会有眩晕的感觉）。

3. 深切且缓慢地呼气，持续五秒（要比平常略慢、略深）。

4. 由衷地感恩（感受心脏的跳动，单靠积极的冥想恢复平静很难，可以试着想一些值得感恩的人或事。通过由衷地感恩，渐渐恢复正常规律的心跳）。

◉ 和情绪亲密接触，还需要多多练习和适应

一个人如果在过去一直压抑地生活，早已习惯了隐藏内心的情

感，就算他领悟到了情绪表达的重要性，也不可能在一朝一夕间立刻改变自己，变得从容面对各种情绪。接纳情绪也是一种习惯，不可能说改就改。因此，一个长时间对自己的情绪无动于衷的人，想要和自己的情绪变得“亲密”，也需要较长的适应时间。

认识和亲近情绪，也需要经过一番练习。由于忙于生计，人们对于某个瞬间袭来的情绪早已变得麻木。而对于自我情绪长期采取漠视和逃避态度，也使得自己可以觉察到的情绪类别早已变得寥寥无几。

重温过去的情绪

是不是可以将人分成两种类型——能感受情绪的人和无动于衷的人？如果不是，那是不是表示，所有人都有自己的情绪感受，并且都可以理解对方的情绪？

最初对此进行研究的，是进化论的创始人达尔文。他认为情绪与生存紧密相关，因此他有了这样一个假设：人类应该有一种普遍的情感存在着。为了验证这一设想，达尔文游走世界，将各个地方的土著人面孔画下来，再将这些素描作品拿给从未见过这些土著居民，也不了解土著人语言和文化习惯的英国人看，让他们猜猜画中人的情绪。同样，他也把画有英国人表情特征的素描拿给那些从未接触过白人文明的土著人看。

结果非常有趣，无论是英国人还是土著人，他们都能根据画中人的表情猜中其中的六七种情绪。遗憾的是，达尔文的这项发现远没有他的进化论那样引起世人的重视。直到 1970 年，保罗・艾克曼教授对达尔文的论文进行了现代科学的验证。他利用摄像机捕捉到比素描更准确、更丰富的表情，通过这种方式，验证了人类普遍的七种情绪，重新诠释了达尔文的研究。人们拥有七种相似的情绪，下面列出的是最基本的七种情绪（幸福、兴趣、悲伤、愤怒、轻蔑、厌恶、恐惧）以及由此衍生的各种情绪。

我们不妨做个自我测试。找一张纸，记下头脑里第一个浮现的情绪。平时属于无动于衷型的人，如果对这种方式感到有些陌生，也可以直接从下列各种情绪中圈出自己经历过的情绪。

幸福：可爱、感激、纽带感、兴奋感、极致感、明朗和快活感、满足感、飘飘欲仙感、喜形于色、感谢、高兴

兴趣：期待感、关心、认真、专注、兴趣、兴奋

悲伤：忧郁、低沉、绝望、失望、愧疚感、不幸、悲痛、后悔

愤怒：烦躁、不快、不满、激怒、幸灾乐祸、挫折感、愤怒

轻蔑：无礼、批判性、失落感、排斥感

厌恶：逃避心理、讨厌、憎恶、厌恶

恐惧：不安、害怕、担心、彷徨、惊愕、敏感、恐惧、谨慎、不舒服

写情绪日记

所谓情绪日记，就是把一天中经历的各种情绪都记录下来。情绪日记不但有助于人们认识和了解自我情绪，还可以培养人们客观认识和调节自我情绪的能力。忙碌了一整天，还要写日记，也许会

让你感到麻烦和劳累。但是，哪怕只是简单记录下自己是在何种情境下产生了何种情绪，以及当时的情绪强烈程度，相信通过这些最基本的记录和坚持，我们都能很快和情绪熟悉起来。哪怕仅仅坚持一星期，对于了解自己平时的情绪，也是大有好处的。

情绪日记

时间	情绪	诱发情绪的情境	情绪的程度（1-10级由弱到强）

如何回应孩子的情绪

带孩子去看牙医，接受龋齿治疗，孩子却吓得不肯配合，对家长拳打脚踢。

“我讨厌看医生！我要回家！我怕疼！”孩子在医院里大声吵嚷，让家长感到很难堪。瞧瞧其他孩子，他们个个都能安安静静地排队等候，可是自家的孩子却像个胆小懦弱的逃兵，咋咋呼呼，这让爸爸感到丢脸，一股无名之火油然而生。像这样的双职工家庭，爸爸妈妈平时都要上班，好不容易请了假，领孩子来看牙医，而且需要提前预约好门诊时间。要是错过了时间，下一次不一定是什么时候了。情急之下，大部分的爸爸可能会做出以下三种反应。

反应之一：为了说服儿子乖乖地看牙医，想尽办法哄孩子接受治疗，用种种奖励来“诱惑”孩子。

“奎闵乖！爸爸保证不会疼的。如果你答应爸爸不哭不闹，像个男子汉一样，让大夫好好检查一下，爸爸答应给你买个游戏机，好不好？周末再领你去游乐园，怎么样？”

反应之二：有些爸爸为了能让胆小的儿子变得勇敢一些，于是故意摆出一副咄咄逼人的表情，严厉地训斥孩子。

“哭什么哭，赶紧给我把眼泪擦干净了！你看看别的孩子，人家都能安安静静地坐着等，你怎么就这么胆小？男子汉怕看牙医，那怎么行？赶紧给我安静点。不然我可不管你了，我走了，听到没有？”

反应之三：有的爸爸看不得孩子楚楚可怜的样子，心疼得不得了，恨不得龋齿长在自己的嘴里。

“奎闵啊，爸爸知道你不想看牙医，害怕疼。要是你实在不想让医生检查，那咱们就回家吧！反正这是乳牙，到时候都会掉的，再长新牙，都已经烂了，治不治都无所谓了。”

很显然，以上三种态度都不可取。作为家长，我们不但要理解和包容孩子害怕看牙医的情绪，更应该进一步开导孩子，好让他在今后面临相似的矛盾和痛苦时，能够独立摸索出解决的方法来，最终做出最佳选择。

“奎闵是不是担心看牙医会很疼啊？其实，爸爸小时候也特别害怕看牙医。”

听到爸爸儿时也有过相似经历，奎闵一下子松了一口气，放松了许多。

不知道你会选择做哪种类型的爸爸呢？请回忆一下刚才读到孩子哭闹情节时你内心的感受和反应，通过这种方式，也可以判断出你属于哪种类型的家长。这种自我对照和测试，能帮助你更好地了解和掌握情绪管理训练，从而有效地对待孩子情绪。

◉ 没什么大不了——缩小转换型家长

“奎闵乖！爸爸保证不会疼的。如果你答应爸爸不哭不闹，像个男子汉一样，让大夫好好检查一下，爸爸答应给你买个游戏机，好不好？周末再领你去游乐园，怎么样？”

面对哭闹不止的孩子，家长急于安抚孩子，好让他配合治疗，于是用奖励来“诱惑”孩子，这种类型的父母就属于把孩子情绪“大事化小”的“缩小转换型父母”。这类父母看重的不是如何理解孩子的情绪，而是如何尽快让孩子停止哭闹，从而配合治疗。出于这种心理，家长便缩小和忽视了孩子内心害怕的情绪，迫不及待地将重点转移到其他事物上。

对于缩小转换型家长来说，孩子的情绪没那么重要，他们对于孩子的情绪不以为意。例如，孩子看到小狗吓得脸色煞白时，这类家长会非常漠然和无动于衷，轻描淡写道：“多大的事儿？没什么可大惊小怪的。”当孩子疼爱无比的小狗不幸死去，孩子忍不住伤心地大哭时，这类家长往往会漠视孩子的情绪，冷漠地说：“这点小事都哭，至于吗？”他们总是试图用轻描淡写的方式来淡化和缩小孩子的情绪，并且迫不及待地转移孩子的注意力。

有些家长，还动不动取笑孩子的情绪。“丢丢（羞羞），鼻涕虫，胆小如鼠，爱哭鬼……”边嬉笑边给孩子挠痒痒，试图用这种满不在乎和刺激的方式来逗孩子破涕为笑。

缩小转换型家长把情绪分为好坏两种。他们认为喜悦、快乐与幸福等情绪是好情绪；相反，恐惧、生气、愤怒、悲伤、孤独和忧郁等情绪就是不该有的坏情绪，于是极力逃避这些负面情绪。这是因为家长本身不肯认可及承认这些负面情绪，所以一旦发现自己的孩子身上出现这些情绪时，就想千方百计地消除这些情绪。

在这种类型父母的教育下长大的孩子，在感受和调节情绪方面会表现得比较迟钝。由于家长不重视孩子的情绪，孩子不但会产生不被他人重视的感觉，而且由于没有大人的正确引导，孩子对于自己正在经历的情绪，也无法分辨出是对还是错，于是陷入彷徨和困惑中，一点点失去自信心。一旦不能正视自己的情绪，他们也就无法知晓该如何调节这些情绪了。

孩子甚至会怀疑，自己之所以会产生不被父母重视的感觉，也是自己的心理不正常所致，于是就会产生盲目的自卑心理。这都是因为无法准确分辨情绪的真实面目而造成的不安。

我们身边不乏因为失恋而用暴食或疯狂购物等方式来发泄的人，这些人大多是在缩小转换型父母膝下成长起来的。由于无法正视自己的情绪，他们试图用更快捷且简单的方式来转换心情，要么干脆逃避问题。这会让他们比其他人走更多的弯路，就像个空转的机器一样，空虚无比，失落难当。

☆ 缩小转换型家长的特点

1. 对于孩子的情绪，表现得不够重视，甚至觉得无所谓，偶尔还会取笑或轻视孩子的情绪。

2. 认为情绪有好坏之分，坏情绪对生活本身没有任何益处。

3. 不能容忍孩子表现出的负面情绪，一旦有这种倾向，就急于转移孩子的注意力。

4. 认为小孩子的情绪大多不合逻辑，因此不必当回事。

5. 认为小孩子的情绪在一段时间后，就会自然消失。

6. 对于无法用情绪控制的事，持有恐惧心理。

◉那可不行——压抑型家长

压抑型家长和缩小转换型家长一样，不重视孩子的情绪，把悲伤、生气与烦躁等情绪看作是坏情绪或负面情绪。尽管这两种类型的家长有许多相似之处，但是压抑型家长往往会对孩子的情绪给予更严厉的批评。他们的做法早已超出了对孩子情绪单纯的轻视，而是极力把孩子的负面情绪看作是错误的，每当孩子有情绪流露时，他们就会大喝一声“那可不行”，并加以训斥，甚至是惩罚。

压抑型父母认为负面情绪是阴暗的情绪，一旦允许孩子产生这样的情绪，就可能会带坏孩子的性格。出于这种担忧，他们会对孩子的情绪进行全方位的严厉管束。他们坚信，必须锻炼孩子坚强的性格，这样才可能避免让孩子产生负面情绪，一旦发现孩子有负面情绪时，就应及时消除这种不良情绪，并且正确引导孩子。

压抑型家长看重的不是孩子的情绪本身，而是将目光集中在孩子的行为上，当孩子哭时，不是想着先弄清孩子哭的原因，而是单刀直入地一句:“不许哭！你要是再哭，我就让警察叔叔把你带走！”用这样的话来威吓孩子，有时甚至会大打出手。

不仅如此，压抑型家长喜欢戴着有色眼镜看待孩子的所有情绪，孩子表露出哭或生气的情绪时，他们会偏执地认为，这都是孩子为了达到自己的某种目的而表现出的连带行为，于是会更加严厉地扼杀孩子的情绪。

在压抑型父母照顾下长大的孩子，自尊感会非常低。女孩通常会表现得意志消沉，带有忧郁倾向，而且自我调节情绪能力不足；男孩则具有冲动或攻击性行为倾向，生气时会本能地用拳头解决问题。由于他们在成长的过程中，仅因为表露了情绪就受到父母的斥责或打骂，所以他们也只能用同样暴力的行为来表露情绪。

由于过分压抑自己的情绪，孩子有时会走向极端。据研究表明，在压抑型父母照顾下长大的男孩，会更早学会吸烟、喝酒，也会比较早熟，较早产生性意识，参与青少年犯罪的概率也比较高。

☆ 压抑型家长的特点

1. 轻视孩子的情绪，甚至认为情绪表达是错误的，于是批评孩子。

2. 与孩子的情绪本身相比，这类家长更看重行为，会针对孩子的行为责骂或打孩子。

3. 认为负面情绪产生的原因在于坏性格或懦弱的性格。

4. 认为孩子试图利用负面情绪来满足自己的某种要求。

5. 认为负面情绪必须得到控制。

6. 不惜采用打骂孩子的方式帮助孩子消除不好的情绪，以便引导孩子做出正确的行为。

◉ 一切都没问题——放任型家长

不同于缩小转换型家长和压抑型家长，放任型家长倒是能认可孩子的情绪，也不会刻意将情绪划分为好或坏，对于孩子身上的所有情绪都可以接受和包容。乍一看，这种类型的父母应该是理想型的好父母。然而，放任型家长顶多止于认可和接受孩子情绪这一步而已。对于孩子的行为，放任型家长并不能给孩子较好的建议，不会为孩子的行为划定明确的界限。

例如，孩子在玩耍时和伙伴们打了起来，气呼呼地回到家。这时，放任型家长会说：“嗯，这事听起来是挺让人气愤的，生气了难免会打到别人。自己没受伤吧？没什么大不了的。”这种类型的家长虽然做到了接纳孩子的情绪，但对孩子的行为也一概称没关系，甚至会鼓励孩子。看到孩子因为心里难过而哭泣时，这类父母也不会过问，他们觉得伤心时哭是正常的，既然这样，何不让孩子哭个痛快，好好发泄一下呢。

在成长的过程中，由于个人情绪得到了尽情的宣泄，因此生长在放任型家庭的孩子，理论上应该能很好地进行情绪调节。然而，情绪调节只有在意识到行为的界限时，才会变为可能。如果随心所欲地做任何事，家长都视为无所谓，孩子反而会认识不到行为的界限，变得凡事都由着自己的性子，以自我为中心，分不清哪些行为才是合理可行的。孩子反而会因此变得惴惴不安，心智不成熟，人际关系方面也会表现得难以与他人沟通。

由于这些孩子的所有情绪都会被父母接受和包容，因此他们往往会陷入自我崇拜的境地，患上所谓的“王子病”或“公主病”。他们凡事只考虑自己的情绪，丝毫无法体谅他人，因此在朋友圈子里也会显得相当不和谐，甚至会遭到排挤。由于和同龄人相比，孩子的心理具有不成熟的特点，因此他们会自卑许多，感觉自己不如别人。一直以来只习惯于无所节制地宣泄各种情绪，却没有表达和处理学习的机会，所以他们解决问题的能力也相当欠缺。

☆ 放任型家长的特点

1. 对孩子的所有情绪全部包容。

2. 不区分情绪是好是坏。

3. 无论对孩子的情绪还是行为，从来不划定界限。

4. 认为情绪一旦发泄出来，就万事大吉。

5. 除了包容孩子的负面情绪、安慰孩子，认为没有其他可以做的事情。

6. 对孩子如何处理情绪及解决问题，从不重视。

◉ 一起找找为什么——情绪管理训练型家长

能够包容孩子的情绪、理解孩子，在这一点上，情绪管理训练型家长和放任型家长是相同的。不同的是，情绪管理训练型家长会对孩子的行为划定明确的界限。例如，带奎闵看牙医时，孩子因为担心会疼而感到害怕，情绪管理型家长就能接受和包容孩子的这种害怕心理。而经过家长的这番努力后，孩子也会最终获得自己的感悟：“看牙医可能会感到害怕，但这种感觉很正常，并不丢人。爸爸能理解我的感受，我也希望能像爸爸那样勇敢一些、坦荡一些。”想到这里，孩子可能也会忍不住发问：“爸爸小时候如果不想去看牙医，会怎么做？”

“那时爸爸呀，使劲抓住奶奶的手，心里默默数到十。而且从那以后，我每天都认真刷牙，不让蛀虫再侵害我的牙齿。”

爸爸不会退步妥协，说“干脆我们回家吧”，而是明确地告诉孩子，其实小时候他也同样对看牙医怀有恐惧心理。首先与孩子形成了纽带，再进一步探讨当时是如何克服这种恐惧的，并询问孩子的想法，最后对今后如何积极护齿给出建设性意见。

“看牙医是有些令人害怕，但我觉得我们一定有办法战胜它。”

“要不，爸爸你陪着我吧！这样我可以用力抓住你的手。而且我保证以后一定每天都认真刷牙。”

孩子虽然表现出对看牙医的担忧，却并没有因为这种“不勇敢”而受到爸爸的批评和训斥，他靠爸爸的耐心引导，独立摸索出克服恐惧心理的方法以及今后如何才能更好地保护牙齿的方案。情绪管理训练型家长不会把情绪泾渭分明地归类为好和坏。他们重视孩子的喜悦、爱和快乐；同时他们也认为，悲伤、恐惧和愤怒理所当然也是生命中不可缺少的情绪。就好比，不可能每天都是阳光明媚的艳阳天一样，有时刮起一阵风、下一场暴雨、雾霭弥漫或飘下鹅毛大雪，这样才是真正的四季，哪样都不能少。

关键是，在包容了孩子的所有情绪后，务必给孩子的行为划定明确的界限。明确地跟孩子讲，你可能很害怕，很不喜欢看牙医，但并不能因为这样，就对牙医拳打脚踢或口吐脏话。而且，对已经形成的龋齿，是不能逃避和拒绝治疗的，如果放任不理，只会让牙齿更恶化。那么，为孩子划定行为界限时，怎样说才能让孩子更容易理解和接受呢？

大致可以制定两个简单的原则：首先，不做对他人有害的行为；其次，不做对自己有害的行为。冲着牙医吐脏话或拳打脚踢，这肯定是对他人有害的行为；放任自己的龋齿恶化下去，就属于对自己有害的行为。可以在不超出以上两个界限的范围内，给孩子最大限度的选择性。

“如果奎闵不好好治疗，让龋齿一直坏下去，就会伤及其他牙齿。所以，今天必须让牙医好好看一下（划定界限）。不过，我们可以想想，有没有什么办法可以让我们不会那么害怕和疼（选择）。”

相信爸爸温和却坚决的态度在给孩子吃定心丸的同时，也能刺激孩子寻找更积极有效的方法，如“要不爸爸你在旁边陪着我吧”“我会在心里数到十”“以后我一定要认真刷牙”或“爸爸，我以后会少吃糖，多吃水果”等非常不错的点子。

在情绪管理训练型家长教育下成长的孩子，他们不会认为自己的这种情绪奇怪或不好，从而遭到大人的训斥。相反，他们明白，无论有何种情绪都是正常的，是生命成长中的一部分。他们会因为家长肯倾听自己的心声，并且接纳和理解自己而感到来自家长强有力的内心支持，于是信心倍增，由衷地感到自己的可贵价值。看到爸爸对自己不训斥、不反驳、不取笑、不威胁，甚至坦言他曾经有过的类似经历，孩子会欣慰地感觉到爸爸是真心站在自己这一边，因此自然而然地对家长产生信赖感和纽带感。家长能够关注和尊重孩子的想法，放手让孩子主动摸索解决问题的方法，以便从中选择最佳方法，这些无疑都会大大提升孩子的自我成就感和自信心。

☆ 情绪管理训练型家长的特点

1. 包容孩子的情绪，但对其行为划定明确的界限。

2. 情绪不存在好坏之分，无论是何种情绪，都是生活的自然组成部分。

3. 当孩子表达自己的情绪时，给予足够的耐心。

4. 尊重孩子的情绪。

5. 不轻易忽略孩子任何微小的情绪变化。

6. 重视与孩子之间的情绪沟通。

7. 尊重孩子的独立自主性，引导孩子独立摸索解决矛盾的方法。

只要肯敞开心扉，谁都可以了解孩子的情绪

当父母对孩子的情绪给予充分的接纳和理解时，孩子才能真正地幸福成长，并最终走向成功的人生。尽管众多家长已经了解了情绪管理训练是最理想的育儿方式，但在如何操作的问题上，他们还是表现出诸多担心和困惑。

“我知道对孩子进行情绪管理训练很必要，但自己能否真正利用好它，说真的我非常没有把握。”

大多数家长都会有这种担忧。东方的家长习惯于隐藏自己的情绪，别说表达自己的情绪了，他们对于自身能否真正理解和读懂孩子的情绪都表示没有信心。如果家长钻牛角尖，消极地认为自我情绪调整能力不好，那他们只能陷入更深的困惑之中。他们担心在进行情绪管理训练的过程中，会因为把持不住，自己先变得情绪失控，反而给孩子带来不好的影响。

事实上，没有哪个父母天生就具备情绪管理训练的天赋。做好情绪管理训练，不是凭借“天生就具有的能力”，而是靠肯进行情绪管理训练的“心态”。只要能敞开心扉，相信任何父母都可以成为情绪管理训练型家长。

◉ 没有 100% 完美的情绪管理训练型家长

“一直以来，我以为自己是个十足的情绪管理训练型父母。我从小是在压抑型父母教育下长大的，诸多行为上我都受到了他们的种种限制。所以，我下定决心，要让我的孩子在自由宽松的环境中长大。于是，我努力给孩子各种爱，尽可能地尊重孩子。但是我意外地发现，其实我自身依然带着压抑型父母的许多影子。”

这位家长是一名小学老师，当她对我讲述自己内心残留的幼年烙印时，掩饰不住对这种现象的意外和吃惊。当她通过情绪管理训练意识到自身也存在着压抑型父母的身影时，着实受到不小的打击。

其实，缩小转换型、压抑型、放任型和情绪管理训练型，很难严格地说，一位家长身上只存在其中的一种特点，大多数人或多或少都兼具这四种特点。有时可能会无视孩子的情绪，加以训斥；而有时尽管能包容和接纳孩子的情绪，却未能进一步引导孩子摸索解决问题的方法。

虽说四种情形都可能集中存在于一个人身上，但肯定会有一个是最突出、最基本的。你在最焦急时表现出来的，往往就是你最基本的类型。可能在孩子比较乖时，你有足够的耐心接纳和包容孩子的情绪，显得和蔼可亲；而当孩子不听大人的话，撒娇耍赖时，你就会不知不觉地发起火来。如果这就是你的写照，那么可以肯定，你就是压抑型家长。

能把情绪管理训练师的角色做好，当然再好不过，但在这一点上不必过于苛求自己，强迫自己在孩子每次表露情绪时都能做好情绪管理训练。对此，戈特曼博士的意见是，情绪管理训练能做到40%，也能奏效。接受过情绪管理训练的孩子，对父母怀有信任，即使父母偶尔未能及时做好情绪管理训练，也不会因此认为受到冷落或伤害。因此，家长不必过于紧张，强迫自己时时刻刻都充分做好情绪管理训练。这一点也希望家长们能记住。

◉ 了解孩子的天生气质，让情绪管理训练变得不再困难

有时候，同样的情形下家长说了同样的话，有些孩子会显得大受伤害，而有些孩子则无动于衷，眼睛都不眨一下。这是因为每个孩子的天生气质不同。气质与性格不同，它是与生俱来的。有关这方面的内容，要数哈佛大学杰罗姆·凯根教授的高反应（抑制性）气质和低反应（非抑制性）气质研究论最为著名。所谓高反应，顾名思义，就是对细微的刺激也会表现出强烈的反应；而低反应则是指，只有在受到较大的刺激时才会有所感知，对于刺激的反应速度和强度较弱。

这种现象是与生俱来的，研究表明，这是由生物学因素所决定的，所以气质会贯穿一个人的一生，不太可能发生大的变化。在本书开头提到的不愿意上学的慧敏，就属于高反应型孩子。她的父母在了解了孩子的气质之后，接受了这一现实，并对孩子进行了情绪管理训练。经过父母的情绪开导，慧敏认识到自己对于负面刺激（男同桌的恶作剧和取笑）的排斥心理，并不是什么坏情绪或错误情

绪。由于认识到这点，孩子内心感到轻松的同时，也能够自行摸索出有效解决矛盾的方法。

除了高反应气质与低反应气质一说，科学家们还从其他几个角度对气质进行了研究。20 世纪 50 年代，美国最早从事儿童气质研究的切斯博士和托马斯博士将所有孩子大致分为三种气质：①容易型；②困难型；③迟缓型（即逐渐热情型或大器晚成型）。有些孩子身上某一种气质非常突出，但也有不少孩子兼具几种气质。容易型有时也会表现出慢半拍的气质，而困难型有时会兼有迟缓型的一面。气质是不会轻易改变的，因此家长需要先认可孩子的气质，再有的放矢地进行培养。

容易型孩子

容易型孩子从婴儿时期就很乖，能吃，能睡，也爱笑，让父母很省心。只要喂饱他们，及时为他们换尿布，孩子基本上没什么哭闹的时候。他们长大了也不会惹是生非，而是会遵从父母的要求，显得乖巧温顺。这并不是说父母的照顾有多体贴到位，而是因为这类孩子天生就是容易型气质。这类孩子约占 40%。

由于容易型孩子对父母的话言听计从，因此遇到什么样的父母，就决定了他们将来有什么样的结果。孩子的情绪基本上属于稳定型，如果是在情绪管理训练型父母的培养下，那么他们的成长道路应该是一帆风顺的。如果遇上压抑型父母，那就会导致一系列的问题，因为尽管他们内心不情愿，但受天生气质的影响，他们不可能违抗父母的意思，而是一一遵从，因此在精神上备受压力折磨。而生长在暴力环境中的容易型孩子，由于他们强迫自己顺应来自家庭的暴力，严重时甚至会患上忧郁症或其他精神疾病。

容易型孩子通常不轻易心怀抱怨，而是习惯性地承受和忍耐着，因此对这种气质的孩子，家长应给予更细致的关怀。有时在家长看来，孩子没什么特别引人注意的举动，家长就会粗心大意，以为孩子挺好、挺正常，但此时，孩子的内心有可能早已千疮百孔，像个里面坏掉的苹果一样经历着莫大的痛苦。因此，如果孩子刚好属于容易型气质，家长就应该特别留意，即使孩子没有表露出特别的情绪，父母也应该经常主动问询孩子的情绪，看看孩子是否有什么不开心或苦恼的事情。通过这种方式积极疏导孩子的情绪，让孩子打开心扉。

困难型孩子

困难型婴儿和容易型婴儿截然相反，无论抱着、哄着或背着，孩子还是会时常哭闹不停，家长在照看孩子的过程中，会感到很吃力。困难型孩子的另一个典型特点是听不进父母的话，经常和你唱反调，你让他向东，他就会像头倔强的马驹一样非得向西。

困难型孩子不喜欢被条条框框所束缚，他们拒绝被现有的秩序驯服，而是更乐于用自己特有的方式来挑战新鲜事物。因此，如果父母刚好是压抑型父母，那家长面对这种困难型孩子时，会感到更头疼、更棘手。

尽管这种局面看起来非常令人头疼，但人类学家对于困难型气质的孩子却有另一种积极的主张。他们坚信，困难型孩子的存在必然有着无可代替的理由。无论是何种肤色、哪个国家，都有困难型孩子的存在。切斯博士和托马斯博士认为，全世界至少约有 10%的孩子属于困难型气质，可不要小觑这 10%，世界之所以不断变化到今天的崭新面貌，正是因为困难型孩子在发挥力量。

乍一看，世界上好像有了乖巧的容易型气质的人，就足以让社会和国家按部就班地发展下去。但不得不说，倘若对现实社会不加以正面批评和牵制等积极干涉，社会是不可能长足发展的。试想一下，就算社会上存在一些不协调与不合理的现象，如果没有一个人站出来提出异议，就不可能纠正这些问题。一味地顺应现实，对新鲜事物消极对待，只会让社会停滞不前，如同死水一般腐朽。举个极端的例子，如果父母自身存在严重的缺陷，而他们的孩子属于倔强的困难型气质，他们对父母的命令则不会言听计从，更愿意靠自己去挑战新事物，因而避免了承袭上一辈的弊端，从而有望改写家族未来的命运。所以说，困难型孩子因家族而生，这一点都不为过。

想要养育好困难型孩子，并不是一件容易的事。事实上，这类孩子的父母无一例外都操碎了心。有时候由于孩子太偏执，父母甚至会怀疑自己能否胜任情绪管理训练的重任，顺利让孩子敞开心扉。而值得一提的是，困难型孩子身上特有的气质，放在当今这个风云多变的时代，将会成为难得的优点。因此，家长千万不要刻意压抑孩子的天性，而要用肯定和欣赏的态度，积极地开发他们的特性。由于这种类型的孩子吃软不吃硬，所以你越想压制他，孩子就会更容易走向偏激。所以，家长要给予这类孩子适度的安抚和理解，多让他们自己判断孰是孰非。

迟缓型孩子（逐渐热情型或大器晚成型）

约有 15%的孩子天生属于慢半拍型，无论说话或做事，他们都倾向于迟缓型，在凡事都讲究速度的现代社会，这种性子恐怕很难适应。就连家长面对凡事都慢吞吞的孩子，也会着急上火。孩提时倒也没什么，但随着年龄的增长，孩子这种慢半拍的特性，简直能让家长冒火。

韩国体坛名将朴泰桓，小时候刚开始游泳训练时，表现得并不突出。别的孩子聪明伶俐，一学就会，而朴泰桓却胆小退缩，让妈妈既着急又难过。但是，当朴泰桓适应了游泳训练后，就表现出了难得的稳定，他不像别人那样喜新厌旧，半途而废，而是始终如一地表现出对游泳的热忱，并坚持不懈，直至成为闻名世界的游泳名将。

正如朴泰桓的例子，迟缓型的孩子并不是打一开始就会喜欢新鲜事物，他们适应新事物往往需要较长的时间。但一旦完全适应后，他们就会一直踏踏实实地持续下去，表现出非同一般的努力与执着。纵观很多成功人士，他们大多不是头脑多么聪明或才能多么出众的人。能够在喜欢的领域坚持不懈的人，成功的可能性才更高。作为家长，应该了解迟缓型孩子的特性，努力做到取长补短，帮助孩子走向成功。

面对迟缓型孩子的慢条斯理，家长经常忍不住抱怨：“我真是受不了，就你这样得什么时候才能写完作业啊？赶紧麻利点！”孩子不笨不傻，听到父母的数落当然会黯然神伤。其实对于这种慢性子，孩子自己也无法控制，父母因此而责备孩子，孩子只能更委屈，并深深地受到伤害。

父母越是急性子，就越无法容忍孩子的慢性子。其实，迟缓型孩子需要的，是父母能够用坦然的心态来对待他们这种无法改变的特质。

◉认可孩子的成长环境，才能和孩子心灵相通

想要顺利做好情绪管理训练，就必须先了解孩子所处的环境。近年来，孩子和父母之间最大的争议领域可能就是电脑、MP3和手机了。如果孩子能掌握好尺度，倒也不至于让双方为此争得面红耳赤，但孩子往往过分沉迷于其中，这就会让家长担心了。第一章里介绍的贤基，小时候经常被妈妈托给“电视保姆”照看，一打开电视，贤基就能安安静静地坐上一整天独自看电视，妈妈刚好可以趁这个机会赶紧打扫一下脏乱的屋子，再给孩子做点辅食。只是，时间久了，孩子完全对电视节目着迷了，后来又不可控制地迷上了电脑。

可能在许多家庭中，电脑是最令父母头疼的“罪魁祸首”了。如果是男孩，他可能连续几小时沉迷于电子游戏；如果是女孩，虽说不至于成为电游狂，但是她们上网聊天和装扮博客的时间，一点不亚于男孩玩游戏的时间。而手机和MP3，几乎和孩子形影不离。孩子走到哪里，手机和MP3就跟到哪里。无论是学习或走路时，耳朵里都不忘塞入MP3的耳机，手指还飞快地给朋友发短信。孩子们的痴迷程度，让家长们不禁担心起来，怕这样下去只能使孩子学坏了。

对于这个问题，我们首先应观察和分析一下当今孩子所处的成长环境。如今的孩子没有空间释放压力，在学校不得不面对严峻的

学习压力，回到家、他们也得不到片刻的喘息机会。他们要赶着去培训学校上课，还要完成学校留的作业，简直可以用“压力接力赛”来形容这种状况。面对着四面楚歌般的压力，电脑和手机等无疑成了消除孩子压力的避难所。如果家长因为害怕耽误孩子的学习，而禁止他们使用电脑或干脆没收 MP3 和手机，那只会加剧孩子与家长之间的代沟。正确的做法是，理解孩子的处境，再寻求合理的解决方法。我建议家长在心平气和时，就应该和孩子“约法三章”。每逢新学期开始或家中买新电脑时，都是“约法三章”的绝佳契机。

贤基的妈妈在电视节目中接受了一次情绪管理训练培训后，就把家里的电脑收起来了。当然，在“夺走”孩子大爱的同时，家长也没忘记用其他方式及时填补空白，他们不但增加和丰富了孩子喜欢的游戏，还抽出更多的时间陪孩子玩，并且让孩子多和同龄孩子接触……结果，孩子不但和同伴们的关系融洽了，性格也开朗了许多，过去说话吞吞吐吐的毛病也改掉了，如今能清晰准确地表达自己的意愿了。

如果是稍大一些的孩子，家长不妨和孩子一同制定电脑使用规则。例如，周一到周五决不能用电脑，周末可以用四小时；做功课时手机要关机……当然，还要把未能遵守规定要承担的责任一并向孩子说明。例如，违规一次，那下次使用电脑的时间就要缩短一半：如果发现两次违规，一星期就甭想玩电脑了；一旦出现三次违规，那以后就别想用电脑了。这种双方的“约法三章”，还是非常必要的。

哪怕是再好玩的游戏，也应该尽量控制在一小时以内，不要一次超过一小时。如果已经玩了一小时电脑，那下个时间段最好选择做其他事情。无论是踢毽子还是看书，一旦超过一小时，头脑就会不再清晰，视神经也会感到疲劳。对于稍大一点的孩子，这个交替时间可以适当延长至两小时。但如果孩子还小，最好不要让他长时间只做一件事情。

◉过分的情绪刺激，只会过犹不及

情感都是通过多种经验而逐渐丰富起来的。如果想让孩子的感情获得充分发展，家长应该努力让孩子多尝试一些新事物，给孩子创造尽可能多的体验机会，让孩子亲自去看、听、触摸及感受。孩子会在每次尝试中体验到新的情绪感受，随之也会拓宽眼界。除了这些方法，多阅读有益的书籍，接触各类优秀的人物，也是拓展情绪的有效方式。

只是凡事过犹不及，过分的情绪刺激应尽量避免。无论何时都应该铭记，我们的教育目的是孩子，应该在孩子可接受的范围内给予适当的刺激体验。刺激一旦过激，孩子会感到措手不及，无法承受，甚至表现得迟钝和麻木。这就如同大哀无泣，人在过度悲伤时，往往没有眼泪。

即使是尚不懂得语言表达的小宝宝，给他过度刺激时，他也会表现出厌烦情绪。当大人对着孩子做躲猫猫（大人反复遮住脸又露出脸，逗小婴儿注意的游戏）时，一旦孩子失去兴致了，就会扭过脸去。如果妈妈未能及时发觉，一厢情愿地继续逗孩子玩，孩子恐怕会烦躁地推开妈妈的手，甚至哭闹起来。这时应该接受孩子的情绪，让他休息片刻或换个新游戏。虽然是小孩子，但对于妈妈能体谅自己的情绪，孩子会心存感激，从而增加对妈妈的信任，变得更容易调节情绪。

孩子过了两周岁后，对于过分的情绪刺激，会做出更明显的反应。或者双手搭在胸前，或者说话结巴，或者重复同样的动作，有时还会翘起眉毛、闭着眼睛或紧闭嘴唇。孩子一旦表现出这些反应，家长应该温柔地问他“是不是想休息一下了”或“你希望做什么”，并尽量满足孩子的愿望。情绪本身没有好与坏之分，人类拥有的情绪应该尽可能多让孩子体验一些，但如果过早给孩子一些极端的情绪体验，那只会得不偿失。只是，如今的孩子很容易暴露在过激的情绪环境之中。打开电视或观看电影，不难看到野蛮暴力或杀人的情景，而网络情况更令人担忧，只要动动鼠标，想要多刺激的场景就能搜索到多刺激的内容。网络游戏的情节也早已大大超越了一定的危险指数，刀光剑影的暴力网络游戏早已泛滥成灾。孩子对这些画面和情节接触得多了，就会觉得暴力也没什么可怕，继而变得麻木和不在乎。

当幼小的孩子过早目睹父母激烈吵架的场景，遭遇难以承受的刺激和打击时，就会变得心理承受能力薄弱，情绪多变、容易激动。随之，情绪调节就会受到阻碍。所以，我们有义务也有责任保护好孩子，避免让他们处于恶劣的情绪环境中。根据孩子的实际年龄，尽可能地在孩子可接受的范围内给予恰到好处的刺激。

◉ 耐心！再耐心！直到孩子的情绪感同身受

即使理解并接纳了孩子的情绪，效果也不会立竿见影，尤其是长期在压抑型环境下成长的孩子，由于家长对孩子的情绪长期以来的不重视，以至于家长改变过去“冷漠”的态度，摇身一变成为情绪管理训练型父母时，孩子会没法立刻接受并适应，觉得家长的这种改变很陌生、很别扭。而家长通过自我改变，努力尝试着理解和接纳孩子的情绪，并为孩子的行为划定明确的界限时，由于没有得到孩子即时的回应，容易一下子失去信心，并感到很失望，这时很可能如同泄洪一样，一下子崩溃，于是不再对孩子抱有任何奢望，完全放手，沦为放任型父母。

在压抑型父母当中，属于下列情形的比较多见。在孩子小的时候，家长采用压抑的方式可能很管用，但孩子一旦上了中学，就渐渐“不吃这一套了”。孩子长大后变得抵触心理强，顶撞父母，甚至会还手，让家长措手不及。孩子的过激反应让家长感到很无奈，不知所措，甚至暗暗心想：“到了这个地步，恐怕我也管不了你了。”于是从内心里放弃了孩子，对孩子放任不管。而一向对父母的干涉表示强烈反感的孩子，一旦父母真正放手不管时，又会表现得不太情愿。他们成年后，大部分人会对父母心生抱怨，责怪家长没有对自己管教到底：“那时候为什么没能好好管管我！那时我年纪小，是非观念模糊，父母哪怕打骂，也应该及时纠正，阻止孩子误入歧途啊！”

是的，无论任何情况，家长都不应该松开牵住孩子的手。当尝试与孩子进行情绪共享时，应该不懈地坚持和努力，哪怕 10 次、20 次，就算都失败了，也不应该轻易放弃。科学家的研究表明，一种习惯的形成，平均需要 21 天时间；而让某种行为成为一种潜意识行为，则需要 63 ～ 100 天时间。也就是说，只要努力坚持两三个月，即使不用刻意去想，他们也会习惯成自然。所以，即使你第一次尝试情绪管理训练时生硬、别扭或不习惯，也大可不必灰心丧气，应该不懈地坚持下去。不知不觉中，你就会发现自己成了相当不错的情绪管理训练型父母，而孩子也有了可喜的变化。

学会自己玩耍也很必要

当家长努力理解孩子的情绪时，孩子会自行摸索解决矛盾的方法

上幼儿园的宝宝如果喜欢一个人玩，会不会有问题？有没有必要提醒他尽量不要一个人玩，多和同伴玩耍？

专家认为，独自玩耍的时间对孩子来说是非常必要的。孩子大多喜欢拼图、搭积木和涂色等独立型游戏，这并不能说明他们不善于与其他同龄小朋友一起玩。专家不但强调孩子应该拥有独立玩耍的时间，还认为这种独立型玩耍很值得推荐。

但家长应该留意观察孩子的游戏过程，好分辨这种独自玩耍是正常的，还是隐藏着某些令人担忧的征兆。孩子独自玩耍并专注于某种游戏，若能快乐地玩耍，这就没什么令人担忧的。但如果孩子表现得不合群，总是徘徊在同龄人圈子外缘，不能融入其中，这就应该引起父母的注意了。要记住，孩子漫无目的地彷徨徘徊，与独自玩耍完全是两个概念。父母一旦发现问题，就应该第一时间介入其中，通过观察和分析，弄清导致孩子无法融入群体的原因，并观察孩子是否存在畏惧等情绪，以帮助孩子顺利和同伴们形成纽带感。

还有一个现象同样要引起父母的重视：一群孩子玩得很开心，自家的孩子却站在一边观望。显然孩子很希望能和同伴们一起玩，但他似乎还没有学会自然融入其中的方法。当然，孩子也可能担心自己会被同伴们拒绝，怕被人取笑。所以，家长应该向孩子传授与同伴们一起玩耍的方法和技巧。因为社会行为有时单靠自己是无法领悟的，如果家长盲目要求孩子参与到其他孩子的游戏当中，孩子同样会表现出胆小和畏缩。这时，情绪管理训练就该出场了。

爸爸：俊英在看什么？哦，小朋友们在那里玩，吸引你了是吗？

俊英：……哦，嗯。

爸爸：呵呵，那你看到他们玩，心里是怎么想的？

俊英：嗯，要是我也能和他们一起玩就好了，自己一个人玩没意思。

爸爸：如果自己一个人玩，肯定会感觉很无聊，希望同其他小朋友一起玩！不过，可不可以告诉爸爸，俊英为什么不去一起玩呢？

俊英：他们不带我玩，说我玩得不好，所以不带我（孩子撇撇嘴，眼里马上噙满了泪水）。

爸爸：原来是这样，难怪你难过、流眼泪呢。不过，爸爸小时候也经历过这样的事情，爸爸很想打“啪唧”（男孩玩的纸板游戏），

但是别的孩子不带我一起玩，真是很难过。我就像只孤零零的大雁一样，沮丧极了。

俊英：（好奇地睁大双眼）哦，爸爸也有过这样的时候？

爸爸：当然了。所以，俊英现在难过，感觉孤单，爸爸最能理解了。

俊英：那爸爸最后有没有跟他们一起玩啊？

爸爸：我呢，先自己偷偷地练习打“啪唧”，玩得越来越好。没想到后来，那些孩子就喊我一起玩了。

俊英：（露出雨过天晴般的兴奋表情）我也要像爸爸那样自己好好练练，到时候他们肯定会带我一起玩的！

当孩子明确了一定的游戏目的之后，你就可以放手让孩子自己练习或玩耍了。如果你努力理解了孩了的情绪，孩子也会自己尝试着摸索出解决矛盾的方法。

父母一起努力，孩子的幸福感加倍

若想让孩子幸福地成长，并独立规划自己的人生，情绪管理训练就显得尤为重要。不过有一点比这个更重要，那就是父母和谐的婚姻。夫妻关系将给孩子带来绝对的影响，哪怕并没有刻意进行情绪管理训练，如果整个家庭和气融融、安定和谐，孩子也会幸福成长。反之，如果夫妻关系不和谐，就算家长再怎么努力尝试解读孩子的情绪，孩子也会始终伴随着不安情绪。

其实，有很多夫妻由于关系恶化而想过放弃另一方，而对于子女，无论是哪一方，他们都愿意付出最大的努力。如果想真正成为对孩子成长有益的情绪管理训练型家长，那首先要做的就是改善夫妻关系。

◉ 夫妻矛盾的最大受害者——孩子

夫妻吵架时，往往会认为当事人是最痛苦的，但事实上夫妻吵架带给孩子的身心压力，远远超出我们的想象。从小生活在父母吵架频繁家庭中的孩子，对其进行小便检测的结果显示，他们的压力激素皮质醇远远超出平均值。而父母吵架越激烈，孩子小便中的压力激素就会越高。

在父母的吵架过程中，孩子做出的反应五花八门。有些孩子试图为大人仲裁，而有些孩子则会全然不理，在房间里继续做自己的事情，仿佛父母吵架是别人的事情。然而，别看孩子一副无动于衷的样子，检测他们的小便时，同样可以测出大量的压力激素。父母不和，将给孩子小小的心灵带来无比的痛苦和压力。

尤其是从婴幼儿时期就听着父母吵架长大的孩子，他们今后情绪调节出现障碍、承压能力脆弱的倾向也会加大。孩子出生后的头 3 年，是形成亲昵情感的最关键时期。这时，如果家长疲于吵架而疏于照顾孩子，孩子只会在情绪上变得不安起来。

不幸的是，约有 67%的夫妻会在结婚生子后的头三年关系急剧恶化。他们的生活重心由原来的以夫妻为重心，转变为以孩子为重心，无论是丈夫还是妻子，都面临着许多压力。妻子由于照顾孩子手忙脚乱、筋疲力尽，开始对老公的不闻不问产生不满情绪，并与日俱增；而丈夫白天要承受来自社会和职场的压力，晚上回到家中不但没能得到妻子的安抚，眼前看到的却是杂乱不堪的房间，家务堆了一大堆，于是他也变得烦躁起来。再加上长期睡眠不足，会引发脾气暴躁、忧郁症及亚健康等一系列的毛病，日积月累之后，一旦触碰到某个琐碎的导火线，就会立刻引发夫妻争吵，最终让夫妻关系越来越疏远。令人担忧和不忍的是，最大受害者，其实是孩子。

有许多家长认为，孩子还小，不懂得表达，所以孩子对于情绪感受也应该比较迟钝。大错特错！当夫妻在孩子面前争吵时，哪怕是襁褓中熟睡的婴儿，都难逃压力的产生。出生三个月的孩子，当他的父母吵架时，孩子会显得更烦躁，哭闹厉害，血压也会上升。由此可见，孩子已经深深感受到父母吵架带来的压力。

为了研究改善夫妻关系的课题，戈特曼博士针对两组准父母进行夫妻关系改善教育，再把接受这种教育的夫妻所生的孩子，与另一组未接受这种教育的夫妻所生的孩子进行比较。他分别针对出生三个月和六个月的孩子进行比较后发现，接受改善教育家庭中的孩子，笑的时候更多一些，也非常安静乖巧，很快能恢复自我平静。而且，这一组孩子在语言、身体、智能和情绪发育等多项比较中，均显示出比另一组更优秀。

在父母关系不和睦环境中长大的孩子，大多很难与同龄的孩子相处，而且很难适应学校生活。由于注意力不集中，不少孩子成绩不理想。美国教育研究所的一项实际考察表明，导致孩子的成绩不理想、自我成就感缺乏、常常迟到、早退及缺课的最大可能，就是父母不和或离婚。另一项研究也证明，其中约有 20%的孩子最终沦落为社会的最底层，过着不幸的生活。也就是说，孩子的这种变化与人们一直以为的其父母的职业和经济情况等因素没有关系。

不过，就算夫妻吵架，如果能在事后找到解决问题的方法，重新和解，那就没什么大的问题了。有些父母认为，当着孩子的面吵架本身才是问题所在，于是在孩子面前表现得恩爱无比，其实这种做法并不可取。孩子会很敏感地嗅到父母之间异常的氛围，于是会更加焦虑不安。

如果不可避免地争吵了，不妨坦率地对孩子讲出来。可以告诉孩子，因为爸爸和妈妈的意见不统一，所以正在努力寻求解决问题的方法。戈特曼博士称，至少孩子可以通过父母的表现，学会产生意见分歧时的解决方法。重要的是，必须明确地让孩子明白，爸爸和妈妈之所以吵架，并不是因为他的问题。小孩子大多会有这种担心，认为爸爸妈妈吵架或离婚都是因为自己不够乖才会这样，于是无端地自责，这点极为不好。由于孩子不能客观看待爸爸妈妈吵架的事情，会把所有责任都揽在自己身上，以为都怪自己，才会惹得爸爸妈妈又吵架。加上感觉到自己没法帮助大人做些什么，于是显得很无助、很不安，甚至怨恨自己。

所以说，夫妻吵架受害最深的，不是大人，而是孩子。因此，家长如果真希望孩子能过得更好一些，就应该积极改善一下夫妻关系。夫妻关系可以通过情绪管理训练获得改善。这没什么难度，反而会为两人关系带来很大的改善。不仅如此，这种良好的关系还能维持较长时间。所以，不应该盲目不负责任地轻言放弃，为了夫妻和好，为了子女健康成长，还是应该认真地把情绪管理训练进行到底。

◉ 离婚，将孩子推向悬崖尽头

近年来，离婚率以惊人的速度持续上升。20 年前，离婚仿佛只是美国或欧洲国家的事情，与我们非常遥远，但今非昔比，韩国大城市的离婚率接近 40%。在夫妻双方看来，与其性格不合地扭在一起，彼此不幸、痛苦，还不如洒脱离婚，各自开始新的人生。但这样一来，承担离婚后遗症的，就只能是可怜的孩子了。

据统计资料显示，63%的自杀者、90%的离家出走或留宿街头的问题少年、80%的行为障碍者及71%的高中辍学者，他们都来自单亲家庭。离婚带给孩子的创伤，极具破坏性。

在离婚家庭里成长的孩子，寿命也比其他人要短一些。研究结果表明，21岁前经历过父母离婚风波的孩子与其他人相比，平均寿命要短四年。而由于双亲之一过早离世导致单亲的孩子，则不在这个范围之内。也就是说，和父母离世带来的创伤相比，离婚给孩子带来的创伤更严重。

离婚、再婚，让孩子显得困惑不解

父母离婚本身对孩子的打击已经够大了，孩子无法承受这个残酷的事实。如果父母再婚，孩子只能陷入更深的混乱和困惑之中，摆脱不了不安和焦虑心理。这样说丝毫没有贬低再婚家庭的意思，今时不同往日，公正明理的继父或继母的确不少。这里并不是针对个人，而是就事论事地探讨再婚本身及由此连带的问题将给孩子带来盘根错节的困惑，仅此而已。

当两个家庭合为一个新家庭时，人们会发现由此衍生的许多矛盾，是过去自己养育孩子时从未遇到过的。继母给自己的孩子先盛碗饭，另一个孩子会莫名地感到不高兴；孩子上学前忘了说再见，继母会觉得这都是因为自己不是亲妈，孩子才不把自己放在眼里……就算一些鸡毛蒜皮的小事，也会引发许多误会。如果两个孩子打了起来，帮谁不帮谁，又是一件叫人头疼的事。

父母离异，不但会给孩子的情绪造成困扰，还会让他们的伦理价值观变得模糊不清。自己的爸爸（或妈妈）同新的妈妈（或爸爸）同床，会让孩子感到非常不解，甚至对自己的异性朋友关系产生怀疑。在正式结交新的异性朋友之前，反复游离于若干个异性朋友之间的情形也比较常见。这些孩子很容易因一时兴起而结交了某个异性朋友，又闪电般结识了另一个新的异性朋友，如此场景反复上演。如果父母干涉孩子结交异性朋友的话，上中学的孩子甚至会顶撞道："爸爸都能结交这个女友、那个女友，我为什么不可以？"

仇视如敌，打打闹闹，后果不亚于离婚

谈到离婚带给孩子的伤害时，有不少夫妇表示，宁可夫妻俩像仇人一样吵闹不停，也坚决不离婚。言外之意就是，夫妻之间可以针锋相对，但看在孩子的份儿上，还是要忍着、藏着。

然而，就算不离婚，保全了家庭的完整性，夫妻俩却依然不和且经常吵架，那带给孩子的伤痛一点都不亚于离婚带来的伤害。因为真正让孩子喘不过气的并不是离婚本身，而是父母在走向离婚的过程中，往往会利用无辜的孩子来折磨和报复另一方，这才是真正让孩子受到致命打击的沉重伤害。所以，单纯为了孩子而勉强维持夫妻关系，却不肯诚心诚意地消除夫妻之间的矛盾，恢复圆满的家庭氛围，这种委曲求全的做法一点也不值得推荐。

将离婚后遗症尽可能最小化

离婚带给孩子的伤害是显而易见的。但并不是说，离异家庭的

孩子就绝对不幸福。沃勒斯坦用 25 年时间跟踪和研究了离婚夫妇们的生活。结果意外地发现，离婚家庭中约有 25%的孩子，他们的成长过程很顺利，并无其他异常。他们的学习成绩优秀，人际关系也非常圆满，婚姻生活也很幸福。这些孩子经历了父母的离婚后，反而显示出了更强的适应能力，而且在理解他人方面表现得更突出。

那么，这些“例外”的孩子，父母在对待他们时，与传统方式存在哪些区别呢？许多人一旦离婚了，往往会把对另一半的抱怨传递到孩子身上。但这 25%的家长做法却不同。他们会告诉孩子，尽管爸爸妈妈因为性格不合而分手，但他（或她）作为爸爸（或妈妈），还是非常不错的。他们会明确地告诉孩子，父母离婚并不是因为孩子的错，与孩子没有丝毫关系。

离婚后，如果孩子跟着妈妈生活，那妈妈今后表现出什么样的生活状态，也将直接带给孩子莫大的影响。如果单身妈妈依然热爱生活、积极开朗，很幸运，孩子身心留下的离婚后遗症并不明显。但如果离异后，妈妈无法摆脱离婚带来的伤痛，自暴自弃或借酒消愁、忧郁低迷，那孩子就会显得非常无助，受到无法估量的打击。假如家长不小心说出“这一切都是因为你造成的，因为生了你才会离婚”之类的话，对孩子来说是非常残忍的伤害。孩子也许本来就很自责，怀疑爸爸妈妈离婚可能都是因为自己。但这种话一旦出自妈妈的口，那孩子将陷入深渊般的自责之中，从而加重离婚后遗症。

也有人因为对曾经的伴侣恨之入骨，所以也摆脱不了对孩子的厌恶感。请一定弄清楚，夫妻之间的问题与父母和子女之间的问题，是互不相关的两个问题。如果因为夫妻之间有问题，就将无辜的孩子置于绝望之中，那实在是残忍之极。父母选择怎样的离婚方式，会带给孩子截然不同的结果，孩子既可能走向不幸，也可能守住幸福。孩子的未来何去何从，全靠家长能否明智而人性化地做出选择，看他们是否能把离婚带来的后遗症控制在最小范围内。

情绪管理训练也是消除离婚后遗症很好的治疗方式。在离婚率颇高的美国，因父母离婚而饱受其后遗症的孩子，他们会接受各种形式的心理治疗。但目前为止，通过临床验证并获得有效结果的，只有情绪管理训练。

◉ 爸爸参与情绪训练，孩子的幸福感增加

新时代的爸爸和过去传统的爸爸相比，形象有了很大的改变。在家里一副威严家长的爸爸形象，已经有了很大的改观，如今越来越多的爸爸愿意同妈妈一起关注孩子的成长，努力与孩子建立良好的沟通关系。尽管如此，不得不承认，还是有非常多的爸爸在教育孩子这方面落后一步。

尽管他们有心陪伴孩子，但由于社会和职场的压力，他们很难抽出时间和孩子亲昵地玩成一团，以加深与孩子的感情。要知道，爸爸究竟和孩子沟通了多少，将与孩子的幸福感成正比。由此可见，爸爸对孩子的关注，对孩子的影响非常深远。

爸爸完全能够胜任情绪管理训练

通常，解读孩子的情绪都是妈妈的事。一是因为爸爸陪伴孩子的时间有限；二是在人们的观念中，妈妈可能更擅长与孩子沟通。这都是由于过去的传统观念所致，认为女性比男性更容易感受和表

达情绪，而男性在这方面显得迟钝许多。

乍一看，这样的观点似乎没什么错误。的确，男性不轻易流露出自己的感情，但不能因此就误认为男性在感受情绪方面比较迟钝。其实科学研究表明，无论男女，他们在感受和认识情绪方面并不存在差异。男性解读他人情绪的能力丝毫不亚于女性，男性之所以看起来木讷，在情绪感受方面显得笨拙，是因为一直以来社会都灌输给男性不可以轻易流露情绪的极端教育所致。

爸爸当然有足够的能力胜任情绪管理训练任务。当爸爸能够自然且平静地意识到自己内心深藏着的情绪时，就完全可以解读孩子的情绪，并与孩子形成良好的纽带关系。

爸爸来解读孩子的情绪，影响深远

当爸爸对孩子的情绪做出积极的回应，并努力去理解时，所获得的效果非同小可。在孩子的成长过程中，如果爸爸能让孩子在情绪上有安全感，那与其他孩子相比，这样的孩子幸福指数会高出许多。这已经通过众多研究获得了验证。

爸爸在孩子情绪形成方面的作用非常大。相比妈妈陪伴孩子玩耍，在爸爸陪伴孩子时，孩子能感受到更丰富、更深沉的情绪。通常妈妈在养育孩子时，更侧重于孩子的安全问题或营养问题，即使在陪伴孩子玩耍时，相比于通过游戏体验快乐，妈妈更倾向于确保孩子在游戏过程中的安全。而爸爸则不同，他们陪孩子时就会玩得痛快淋漓。妈妈喜欢陪孩子玩躲猫猫、拍手游戏、讲故事和搭积木等相对安静、无风险的游戏；而爸爸则更喜欢带孩子玩骑马或倒立等体力消耗较大的游戏，从而让孩子体验到游戏的快乐。孩子正是通过与爸爸的这种“男人对男人的互动”游戏，体验到平时从温柔的妈妈那里很难体验到的内心变化，比如勇敢、尝试、抗挫等。

另外，如果由爸爸来解读孩子的情绪，会给孩子带来更深远的影响。爸爸的一句鼓励和关心的话语，会给孩子的心灵以莫大鼓舞。相反，如果爸爸对孩子所做的每件事情都加以批评、取笑，甚至恐吓，那这种负面介入的方式，相比妈妈单独培养孩子，会给孩子带来更加恶性的结果。

由此可见，爸爸无论充当正面角色还是反面角色，都将给子女带来举足轻重的影响。如今，子女教育不再是妈妈一个人的事情，只要夫妻齐心协力，共同关注孩子的情绪培养，孩子的幸福指数将明显提高，其自身也将获得更大的成功。这点但愿每位家长都能铭记在心里。

父母应该怎样陪孩子玩?

表示同感和包容，让孩子信赖你

父母在陪孩子玩耍时，充当着各种各样的角色。第一个角色，是单纯的游戏伙伴，大部分家长能够根据孩子的年龄和接受能力，较好地陪孩子玩耍。而有时也会略微提高游戏的难度，使孩子面临小小的挑战，让孩子学习不曾了解的全新游戏方法。

例如，搭积木。可以先摆一层积木，再一点点尝试搭两层，甚至更高一些。要注意的是，应逐步提高游戏的难度，让孩子对这种游戏依然保持足够的兴趣。如果游戏的难度跨度过大，孩子可能会感到不安，很快对游戏失去兴趣，甚至会产生挫败感、不安感、耻辱感或自卑感。因此，在陪孩子玩游戏的过程中，要始终留意观察孩子的情绪，根据孩子的接受能力，选择适合他们的游戏。

父母同孩子游戏的过程中充当的第二个角色，就是仲裁者。孩子在和同伴玩耍时，经常会发生打闹现象，相互出手、闹别扭、发脾气或哭鼻子。意见不合，观点不一致，产生矛盾很正常。但年幼的孩子还没有掌握独立解决矛盾的社会能力，因为孩子通常都是以自我为中心来感受和表达情绪的。

严重时，孩子们会任性地出手打人或上前咬一口，甚至乱丢东西，很容易伤到对方。例如，两个孩子想要玩同一个玩具，发生矛盾而吵架，这时就需要父母或老师及时介入，引导孩子们一起分享玩具，友好地进行游戏；也可以建议他们按顺序一个一个玩，从中扮演仲裁者的角色。

第三个角色就是引导者。引导孩子按照规则进行游戏，当孩子违背游戏规则时，就要适时对其加以“制裁”。不过，这时应注意不要伤及孩子的情绪，努力做到呵护兼引导。

当孩子在情绪上表现得激动时，家长要有足够的耐心，对孩子的情绪表示认同和包容，引导孩子正确认识自己的情绪，并寻找解决方法。这也是家长在陪伴孩子玩耍时需要充当的角色之一。接受过情绪管理训练的孩子通常不具备明显的攻击性，不冲动，社会适应能力也很强，和同伴们能友好相处。

父母想要充当好上述角色，首先就要和孩子形成良好、稳定的纽带关系和相互信任感。父母和子女之间形成怎样的关系，对孩子将来的学业，以及走向社会时形成良好的世界观与关系网起到很大的作用。

在家庭中，家长和孩子的关系稳定，双方具有良好的信赖感时，孩子和同伴及其他人也更容易形成稳定且良好的关系。孩子和妈妈能够形成良好稳定的纽带关系，那孩子对于周围环境也会表现出更积极的探索倾向，也会更容易适应新环境，并和同伴们形成良好的关系。

孩子在面临情绪波动时采取何种行为，大多是从小在父母身边耳濡目染学到的。夫妻关系和谐圆满，能用和平的方式解决矛盾，那孩子在面临矛盾时也会采用对话的方式来解决。相反，如果父母在闹矛盾时，互相冷战、不理睬、气急败坏，甚至使用暴力，那孩子在生气和面临矛盾时，也会按照他看到的方式来试图解决问题；或者极端地走向反面，变得胆小瑟缩，恐惧害怕。

让孩子敞开心扉的情绪管理训练对话法

3

开启孩子心扉的对话与关闭孩子心扉的对话

在百货商场里，孩子和妈妈走散了。大人慌张失措，孩子也吓得不轻。幸好不久后，商场职员就将孩子领到妈妈跟前，只是妈妈看到孩子平安无事，一下子忘了刚才的焦虑，像狮子一样爆发了。

“我说没说过，让你好好跟着妈妈，千万别走丢了。你说我有没有对你讲过？看我以后还领不领你出来了！”

本来孩子因为和妈妈走散了，吓得不轻，既害怕又难过。此时再看到妈妈熟悉的面孔时，压抑不住内心的喜悦和欣慰。本以为妈妈会和自己一样，没想到听到的却是妈妈凶神恶煞般劈头盖脸的训斥。孩子显得手足无措，小小的内心甚至会冒出“难道妈妈不希望看到我，是不是我回来了，妈妈一点也不高兴”等奇怪的想法。

不用说，妈妈当然和孩子是一样的心情。发现孩子不见后，种种恐怖的想法可能都会让她焦虑万分，懊悔不已。“会不会被人拐走了？”“不会就这样走丢了，再也找不到了吧？”“找不到妈妈，我的宝宝肯定会吓坏的”……妈妈的焦急和不安可想而知。可是一旦孩子平安出现在眼前时，她却鬼使神差般变成了另一番可怕的样子。无论是忍不住大发脾气的妈妈，还是一脸惊讶的孩子，都免不了陷入错综复杂的情绪当中，让重逢的幸福感不翼而飞。

有时候，仅靠语言，是很难将自己的真实情感传达给对方的。如果想要达到真正的沟通，还应该在传递情感方面花一番心思。“词不达意”导致内心的真实想法和所表达的内容出现差距，导致误会和伤害的事情也时有发生。根据心理咨询专家的研究，仅靠语言可传递的情绪只占微乎其微的 7%，剩下 93%则是通过眼神、语气、语调和态度等来传达。“很棒”和“很～棒～！”“喜欢？”与“喜欢！”传递给对方的是截然不同的感受。

动作和态度在沟通上起到很大的作用。如果嘴上说“请看右边”而手指却指向左边；或者嘴上讲“请坐”，而当事人却站着不动，那孩子就会陷入困惑之中。相比口头语言，他们会更注重行为语言。

其实，真正的对话技巧并不单指说话的技巧。真诚地运用表情、动作和态度进行全身心地沟通时，才有可能真正打开对方的心扉。

◉ 关闭心扉的对话

有许多父母会在不知不觉中对孩子使用语言暴力，而遗憾的是，许多时候家长却不能察觉到这种行为将给孩子带来多深重的内心伤害，最终导致孩子和父母疏远。也许有些家长觉得，自己只不过是站在父母的角度说了该说的话，只不过是孩子对一些不足以在意的词语过于敏感和较真罢了。

但是，倘若没有任何语言上的攻击，孩子是不可能莫名其妙地生气或与父母疏远的。如果你的孩子从某一时刻开始表现出不情愿与父母对话，疏远了父母，那家长就有必要重新审视一下自己的说话习惯。你会发现一些容易打击和伤害孩子的对话方式，自己却早已习惯成自然，不能自觉了。

“你怎么总是这副模样？”——非难式对话

孩子不顾功课，只盯着电脑打游戏，天天如此，恐怕脾气再好的家长也会忍不住发发牢骚。最开始，父母可能还会尽量语气委婉地劝说孩子：“贤勇，不要再打游戏了，去做功课吧！”“哦，知道了，妈。”孩子回答得很干脆，但还是没有从椅子上挪动屁股，两眼直盯着屏幕，一心只顾打游戏。于是，妈妈的高分贝最终还是爆发了：“我说你怎么天天这副模样？你看看别人，全都埋头苦干地学习。也不看看都什么时候了，怎么还这么吊儿郎当的就知道玩，玩，玩！为什么总是说好话时听不进去，非得叫我这么生气呢？”

气急败坏的妈妈机关枪扫射似的数落起孩子来，看似是对孩子不用功学习只顾玩电脑游戏表示不满。但妈妈说话的程度显然过头了。如果对某个特定的小事情表示不满，这属于发“牢骚”；但对对方的人品和性格进行攻击，那就属于“非难”了。孩子玩电脑，妈妈说“你怎么总是这副模样”，这就不单单是发牢骚的程度了。当你对孩子使用“你这个……”句式，如“你这个孩子到底是怎么回事”等言辞时，就已经超出了针对玩电脑本身的责备程度了，而形成了对孩子本身的一种非难和攻击。而且当“总是”“常常”“每次都”这种字眼蹦出来时，针对的便不仅是孩子这次的错误行为，而是直接给孩子扣上了一个“向来如此”的罪名，给人的感觉是一向如此、净犯同样错误的印象。

本来孩子打算再玩一会儿游戏，就拿出课本学习，但妈妈这样不留情面地训斥孩子，孩子就会产生顶撞心理，故意久坐在电脑前，以此向父母示威。家长当初说出非难孩子的话，目的在于让孩子反省自己的错误并及时改正。但是这种非难越是加重，就会越来越让孩子走向偏离。尤其是当这些话语出自自己的父母时，孩子会感到更受伤，因此在这方面父母应格外注意自己的说话方式和尺度。

“你有没有脑子？”——轻蔑式对话

“你有没有脑子？我看你根本就不是块学习的料。希望渺茫，没戏！”

这是典型的轻蔑。非难孩子还不够，竟然还要把孩子当成没出息的人。有些家长不止如此，还会旁敲侧击地加以取笑或讽刺，这会让孩子感觉到比非难还要强烈的愤怒和伤害。说出如此轻蔑话语的人竟是自己的父母，孩子还怎能相信父母对自己所谓的爱呢？任何时候，轻蔑式对话都是不可取的禁忌。

“就凭你？”“哎哟喂～”“我说你醒醒吧！”“你怎么连你弟弟都不如！”这类词语常常会出现在轻蔑式对话中，很容易让对方产生被侮辱感，从而造成伤害。

当然，有时家长可能一句话也不说，却同样会对孩子造成一种轻蔑。很简单，翘起左边嘴角撇一撇、冷冷一笑或斜着眼睛上下扫一眼对方。这些都无一例外地传递着“哎哟喂，也不拿镜子照照自己，快醒醒吧”这样的信息。轻蔑就像是一种剧毒。戈特曼教授称，轻蔑在人际关系中，就像是对人泼洒盐酸一样，具有极强的毒性。有项研究显示，持续遭到轻蔑的人，四年内甚至可能会患上传染性疾病，这足以说明这种“剧毒”的强烈性和危害的持久性。如果想要恢复由于轻蔑而被破坏的人际关系，那就要付出足足五倍的好感、尊重、感谢和关怀等情感表达，才能勉强化解。所以，轻蔑是种非常可怕和危险的待人方式。

“我什么时候问你了？”——疏远式对话

被对方当空气一样轻视，其伤害一点也不亚于受到非难或轻蔑。疏远式人际关系的对话分好几种，可以是假装没听见对方的话，不予回应；也可以是听不进对方的话，只顾说自己的。例如，孩子告诉妈妈“妈妈我饿了，想吃东西”，而大人却答非所问地说“学校的班车快到了，赶紧的”。这些都是导致关系疏远的对话方式。

转移话题或不予回应，很容易让孩子和父母产生距离。爸爸妈妈不肯听自己的话，只顾着聊大人想说的话题，孩子只能垂头丧气，感到沮丧。孩子会以为，对爸爸妈妈来说，自己一点都不重要，所以才会被他们轻视，于是会和父母渐渐疏远。

“心灵墙壁”比讽刺孩子更恐怖

还有一种简单的方法，不用一言一语，却可以让彼此的关系跌

入冰窟，那就是垒砌一堵隔阂的墙壁，把对方看作空气或幽灵一样。即使叫你，也装作没听见、没看见，甚至不正眼瞧上一眼。一句话，简直把对方歧视到了极点，根本没放在心上。

通常这种现象发生在夫妻之间，但是父母与子女之间发生隔阂的情况也比较普遍。任爸爸妈妈怎么哄孩子，孩子都任性地发脾气，根本听不进去，这时爸爸妈妈为了好好教育孩子，就会把孩子孤立起来，在心里竖起一道隔阂墙壁。这是非常残忍的一件事情，这种极端的做法不但不能让孩子改掉坏习惯，还会让孩子在受到父母的冷漠轻视之后产生自卑心理，受到心灵上的伤害。

曾有儿童专家指出，对于孩子的不当行为持漠视态度时，孩子的这种行为就会逐渐消失。但这并不意味着让父母连孩子的情绪也一同漠视掉，尤其是当孩子提出某种需求，大人对此熟视无睹、垒砌墙壁时，孩子会因为自己的存在被忽略，而产生被冷落的感觉，这只能让孩子陷入更大的伤害之中。

“这都是为你好！”——抵御型对话

“你怎么不学习，天天就知道玩电脑？”“我什么时候天天玩电脑了？”家长习惯于数落和挖苦孩子，孩子忙于辩解和顶撞父母。像这样经常被父母数落和挖苦的孩子，大多会变得极具防御性，而这必然招致家长更过分的数落和非难，孩子也会更进一步地学会顶撞和作对。这种数落与顶撞的对话方式，对解决问题起不到丝毫作用，只能更激化彼此的矛盾。

抵御并不是孩子的专利，家长也会在无意识中做出许多防御型反应。例如，孩子在受到家长教训后伤心地哭泣时，家长总要忍不住说上一句：

“我这样说你，还不都是为了你好？”

“都是因为担心你才会这样的。”

“你要是能照顾好自己，我还用天天这么唠叨吗？”

“还是管好你自己的事情吧！别成天就知道埋怨父母。”

他们甚至会毫不避讳地说：“都怪你，简直受不了了！这个家被你弄得鸡犬不宁。”

就这样，他们把问题的所有矛头都指向了孩子，似乎家长就丝毫没有责任。可悲的是，这些家长根本意识不到这种推卸式的话语本身就是一种“抵御”。他们之所以说这些话，出发点是真正希望孩子能学好，因为担心孩子才会忍不住训斥孩子。正因为如此，家长就更意识不到自己所说的这些话本身有什么不对。但孩子却不会感到无所谓，他们既不能从这些“绝情”的“谆谆教导”中体会到父母对自己的关心，也不能体会到父母的良苦用心。有的孩子只会觉得家长就知道动嘴皮子假惺惺地关心自己；还有的孩子会极端地认为所有问题的原因可能真的都在于自己，于是陷入自责之中，渐渐关闭心灵之门。

“是不是你干的？”——紧闭心灵之门的对话方式

我们通过语言可以了解对方内心的想法，但有许多人，他们在对话时根本不顾及对方谈及的内容，只顾断然下结论。这种做法只能让对方失去继续说下去的兴趣，尤其当谈话对象是个孩子时，你在不了解事情真相的情况下直截了当下结论，只能让孩子更紧闭心灵的门窗。

例如，在小学教室内，孩子们玩闹时弄碎了玻璃，大家立刻傻了眼，生怕被老师批评，个个都像落汤鸡一样哆哆嗦嗦。这时，如果老师一个个指着孩子问："是不是你干的？"可以想象，此时孩子们会是什么样子，他们肯定胆战心惊地回答"不是我干的"，并急于为自己辩解，以防御对方。这种做法只能徒增孩子的不安心理，而且对于老师不经认真调查便断然下结论的做法非常不满。

断定式对话方式，只会让对话无法继续下去。面对一个心里已经下定结论的人，你是不可能与他继续良好对话的。如果家长自以为是地断然认定"放学后，你是不是去网吧玩了半天才回家？"或"你是不是又打弟弟，惹他哭了？"即便父母猜对了，孩子也会急于否定这些事实，找借口搪塞，对父母撒谎。如果孩子根本就没做过那些事，却被父母冤枉，孩子就会委屈至极，甚至走向极端。所以父母在和孩子对话时，一定要记住，不应贸然下结论。

"都怪你！"——助长自责和不安的对话方式

海姆·G. 吉诺特博士认为，儿童的元情绪大致分为两大类：一是自责感；二是不安感。不安感，是孩子在成长为大人的过程中，由于不能独立生存才会产生的心理情绪。如果大人不了解这些，只因为孩子哭闹、不听话就吓唬他，"你要是再不听话，我就让警察来把你抓走"或"你再哭，我就把你给扔了"，幼小的孩子就会记住这些话，并信以为真，陷入生怕被父母抛弃的恐惧和不安之中。就算孩子稍长大后，能分辨出这些只是玩笑，但孩子反复听到这些话后，也会不愿意再相信父母。

也不能对孩子的自责感煽风点火。自责感和不安感都是孩子的元情绪。当孩子遭遇什么坏事时，他会认为都是因为自己的过错才导致这样。妈妈冲别人发火时，他会小心翼翼地想，这可能是因为自己不够乖才会惹妈妈生气；父母不和而闹离婚，孩子也会认为这都怪自己不好，并始终深陷在这种自责感之中；弟弟因交通事故死去，有些孩子会偏执地认为，这都怪自己那天没能好好照顾弟弟而去上幼儿园才导致的。想到这些，孩子就免不了痛苦及自责万分。因为孩子的认知特点决定了，孩子是以自我为中心来理解身边的世界的，因此才会产生以上想法。当这种自责感一直持续且挥之不去时，就会引发各种严重的心理问题。

如果对有自责感元情绪的孩子说：“这都怪你，都是因为你不好！”孩子的自责感只能更深重。如果不想给孩子的不安感和自责感元情绪煽风点火，就应该给孩子足够的安全感，呵护孩子，让孩子明确感受到来自父母的关爱。

“赶紧给我住手！快点！”——命令＋训斥式对话

家长和孩子关系疏远的重要原因之一，就是大人不把孩子当作独立的个体。在父母看来，孩子无论是精神还是身体上都尚未发育完全，所以父母应该不间断地对他们加以引导和教育。而家长的这种心理，在他们与孩子的对话中会如实地反映出来。有不少家长直言不讳地训斥和命令孩子，也有一些家长表面上与孩子平等对话，最终谈话内容还是会落在“不许这样，不许那样，必须这样……”的命令和训斥上。

要知道，这种命令 + 训斥式的对话很容易引起孩子的逆反心理。孩子本想结束游戏去做功课，没想到妈妈命令道：“别玩了，赶紧做功课去！”孩子本想做功课的想法就会一扫而光。不小心打了弟弟，本来就挺后悔的，妈妈又唠叨个没完，说：“你这个当哥哥的怎么忍心打弟弟？当哥哥的要爱护弟弟，知不知道？”于是方才还内心充满愧疚，此刻却莫名产生了嫉妒，以及对妈妈的怨恨。

◉ 让彼此的心灵贴近——经典沟通方法

有时候，一句话就能让人暴跳如雷，一句话也能让人破涕为笑。同样一句话，随说话人的方式不同，可能会让人心情豁然开朗，也有可能让人如同身陷冰窟一般。拉近彼此心灵的对话方式并不高深莫测，也不需要特别精湛的技术。只需要说话者在与别人对话时，尽量不说让对方感到受伤的话，再遵守几点原则，就完全可以实现这个目标。其中，最基本的两点就是“倾听”和“包容”。

“啊！原来是这样”——倾听型对话

对话的基本原则之一，就是懂得倾听。只要做好这一点，就能够让孩子打开至少一半的心扉。当一个人意识到有人愿意用心倾听自己的话时，就会变得心情大好，而且感到振奋。就算对方只是默默地听着，说话者也会在自我叙述的过程中理清思绪、整理思路，继而寻找到解决问题的方法。由此可见，倾听的作用是不可估量的。

倾听是情绪管理训练中最基本的构成因素。

“哦，原来是这样啊！”

“哦，那后来呢？”

时而轻轻这样说一句，表现出对孩子叙述内容的关心和倾听意愿，孩子就会在不知不觉间敞开心灵的大门。就算你在整个过程中一言不发，仅仅是信任地点点头，也能够获得预期效果。

“你一定很难过”——包容型对话

父母肯倾听自己的话，孩子当然会非常开心。如果父母能通情达理地悉心呵护孩子的内心世界，那就好比是给孩子插上了翅膀一样，让孩子信心倍增。当孩子生气或伤心时，问一句“你现在有些生气是吗”或“我想你一定很伤心”，以表示你已经接纳了他的情绪流露。看似简单的话语，在情绪管理训练中却能带来非同一般的效果。

而家长在很多时候都忘了包容型对话原则，净说些让孩子紧闭心灵大门的话。例如，孩子说：“妈妈我饿了，想吃东西。”家长完全可以用包容型的对话方式回应道：“哦，我的宝贝饿了，那你想吃点什么呢？”如果换一种方式，说：“你这孩子怎么一让你学习，就说肚子饿呢？没见你老老实实坐上十分钟过。”“天天就知道吃，看你都胖成什么样了？”这些都属于破坏关系的对话方式，只能伤害到孩子。

当孩子的表现和家长的期望有差距时，依然宽容地接纳和包容孩子的情绪难免会有困难。孩子不肯去补习班，闹情绪时，似乎没有几个家长能心平气和地说：“哦，你现在不太情愿去补习班上课，是吗？”更多家长的反应是脾气暴躁地脱口而出：“好，你现在不想去是吧？你以为我是因为钱多得花不完才给你报的补习班吗？”

任何时候，包容都应该放在第一位。这样才可能客观地弄清孩子为什么不肯去补习班，是不是在补习班有什么不愉快的事情发生；倘若不去补习班，有没有其他更好的办法可以代替等。

深入孩子内心的对话方式

孩子往往会说些莫名其妙的话，让大人困惑不解。如果这时家长不能洞察孩子的内心，单凭孩子的话来分析，就很容易弄巧成拙。

第一次带孩子去参观幼儿园，看到墙上贴的画，孩子冷不丁地冒出一句：“谁画的画，这么难看！”妈妈肯定会觉得很难堪，万一别的妈妈听到了多不好，于是挖苦孩子道：“看你这孩子说的，你不也画得很不好吗？”

请先想想，孩子为什么会说出这样的话呢？孩子内心的真实想法是：“我画画也不好，在幼儿园里画得这么难看，也没问题吗？”孩子离开家去陌生的环境时，大多会感到不安，他们会对新环境怀有不安和畏惧心理，很担心自己能否很好地适应新环境。正是这种不安感，才会促使孩子冒出莫名其妙的疑问来，如果家长不能解读孩子的这种潜藏心理，孩子的不安心理便只能更严重。

怎样才能做到解读孩子的内心呢？相比孩子所说的话，要更细心地留意孩子的情绪，这样才有可能帮孩子解开内心的纠结。先观察孩子的情绪波动，捕捉使之情绪变动的信息，然后有针对性地与之对话，这时就可以轻松地弄清导致孩子说出这些话的真正原因了。

妈妈：你现在感觉怎么样？

孩子：我有些担心。

妈妈：哦，什么事让你担心呢？

孩子：我画画不好，担心这里的老师不喜欢画画不好的小朋友。

当孩子如实讲述内心的小秘密时，如果妈妈能适时地说：“没关系。妈妈小时候画画也不怎么好，不过呢，幼儿园里会有许多快乐有趣的事情等着小朋友的。”这时，孩子就会觉得“画画不好也不必太担心”，因而放下心里的担子，松一口气，也会对妈妈加深信任感。

◉ 如何抚慰受伤的幼小心灵？

韩国 EBS 电视台《教育园地》栏目中，曾介绍过小学六年级的宇硕，他由于患厌倦症而事事心不在焉，让妈妈难过至极。据妈妈介绍，孩子一回到家就赖在床上，对什么都不感兴趣，“不”“不知道”和“不喜欢”成了孩子的口头禅。妈妈既生气又感到绝望，最后不得已请专家帮忙。通过咨询治疗，我们才知道原来宇硕在小学三年级时，最要好的朋友因为事故死去，这给宇硕带来了非常沉重的内心打击，使他一直笼罩在心理创伤后遗症中备受折磨。

而妈妈对此显然一无所知，只知道对他加以责难和训斥。这对孩子来说，就像烫伤后洗热水澡一样，其痛苦无以言表。宇硕希望避开妈妈，自己单独待着，年幼的弟弟靠近时，他也忍不住感到厌烦和发脾气。我们可以把这种症状看成三级烫伤程度。了解了这些隐藏的秘密后，我们对宇硕为什么会表现出事事厌倦的情绪不再难以理解了。经过专家的咨询和开导，妈妈终于知道了有关这方面的知识，明白类似好友死去等创伤类事件导致的痛苦和打击往往会持续许多年，即使事经多年，依然会给当事人以深重的影响。在了解了事情的根源之后，妈妈开始给予宇硕无微不至的关心和呵护。宇硕渐渐有了起色，一点点走出了过去的阴影，而且萌生了新的理想，立志长大后当一名医生，为那些在痛苦中煎熬的人减轻痛苦。

非难、轻蔑、抵御及轻视，这些话无一例外会给孩子带来伤害。孩子听到这些话，只会紧锁内心的大门，不再轻易打开，像受伤的野兽一样，希望躲进深洞里。如果能始终如一地采用开放式对话方式，和孩子形成良好的纽带关系，那再好不过了。但如果由于不擅长语言表达，无意中给孩子带来了伤害，就应该付出加倍的努力，来改善自己的说话方式。

内心受到伤害的孩子，往往具有攻击性，连说话也会变得粗鲁。孩子通宵玩游戏，家长稍加管制，孩子就顶撞，蛮横无理，这很容易让家长说着说着就失去了耐心，来了火气，情急之下说出伤人的话，从而形成一个恶性循环。下面介绍两种对话方式，可以有效帮助我们切断这种恶性循环的链条，抚慰孩子受伤的心灵。这些对话方法看似不起眼，却能让亲子关系发生 180°的良性大转变。

压低分贝，温柔地对话

人们在情绪激动地责备他人时，往往会不由自主地提高嗓门。责备孩子本身已经够让孩子沮丧绝望了，还要凶神恶煞般提高嗓门，那就别指望这种对话会有什么效果。高昂过激的声音，会麻痹孩子的大脑额叶。

孩子尚处于额叶未成熟阶段，如果了解了这个生理特点，家长就不应该试图用理论式的对话方式同他们沟通，其效果可想而知。只有用“一层”的情绪大脑刺激“二层”的理性大脑，才能进行畅通的理性对话。

人在听到激动高昂的声音时，血液会集中到大脑最下层结构（大脑皮层）里，而不是流向情绪大脑或思维大脑。也就是说，此时爬虫类脑会变得活跃起来。

而爬虫类脑做出的反应要简单许多，它无法进行理性思维，只专注于如何才能生存下来。想要存活，无非两种选择，要么全力作战，要么逃避。于是孩子会表现得要么与对方的话针锋相对，采用攻击型语言；要么干脆用沉默回避交流。如果想要和孩子进行有效的对话，就应该让自己语气温和、语调平缓。

不要急于防御，认可一些

“妈妈根本不了解我，就知道天天责备我！”

孩子发牢骚时，妈妈也会做出本能的防御。

“我什么时候天天那样了，还不是因为你做得不好，才会这样！”

这种对话方式，会使大人和孩子都受到伤害，并容易导致关系恶化。当对方投来非难性的语言时，先不要急于防御，可以表示一定程度的认可，仅这一点点“退让”，便足以将谈话引向乐观的方向。

“嗯，这件事的确是我事先了解得不够，冤枉你了。”

家长哪怕只是承认了自己身上的一点点问题，孩子的情绪也会缓解许多。

“其实，妈妈也不总是那样，有时候的确是我不好，妈妈才会那样的……”

妈妈的一小点让步，竟然换来孩子大方地承认自身的不足。

如果妈妈一开始就一步不让地回应道：“对，你妈妈就是这个样子，你才知道？”这种认错显然是没有诚意的对话；如果说：“我就这样，你能把我怎么样？”那就等于挖苦和攻击对方了，而这种认错同样是“违心”的。只有当大人真诚地反省自己时，才会有效果。防御型对话只能引起对方的逆反心理，让孩子增强“必须犟过妈妈”的好胜心理。换个方式，如果大人能对自己的不足表示出足够的真诚，那孩子也会感受到来自对方的包容和认可，只有这样才会让人有兴趣继续对话。

别吝惜你的好感和尊重

带毒的语言中最致命的就是“轻蔑”。让一个曾因受到轻蔑而内心紧闭的孩子敞开心扉，是件非常不容易的事。但还是有突破口的，就是把家里的氛围变成彼此尊重、彼此关爱的氛围。夫妻之间养成凡事都心存感恩的习惯，对彼此付出的努力和价值给予充分的认可，学会多欣赏对方身上的优点，久而久之就会自然而然地形成充满文化气息的家庭氛围。平时在对话时，如果能向对方表示出友好和尊重，即使对话技巧不够熟练，也能将谈话引向好的方向。即使是曾经因为受到轻视而紧闭心扉的人，也会在获得相当于普通五倍的尊重和友好表示时，渐渐治愈内心的伤口，一点点将谈话引向乐观积极的状态。

相信下面的例子，可以很好地说明友好和尊重的神奇力量。小学五年级的赞浩（化名）被妈妈硬拽到咨询室，接受心理治疗。妈妈说，孩子自从当着全班同学的面被老师狠狠训了一顿后，就再也不肯上学了，这实在让妈妈伤透了脑筋。

从赞浩的口中得知，老师对他一直有偏见，经常当着其他孩子的面批评他。几天前，老师甚至不顾他喜欢的女生在场而罚他站，这让赞浩丢尽了脸，他再也不肯上学了。这不，他快两个星期没去学校了。小学没毕业就开始厌学，这可如何是好。

我先通过情绪管理训练，试着倾听和接纳赞浩的情绪，设身处地地站在赞浩的角度上与他感同身受。随后，我又问到目前他对上学的一些看法。赞浩讲，自己将近半个月一个人猫在家里，其实并不好过，感觉很无聊，有时候也很想找同学一起玩，但实在不想面对老师那张面孔。不过他也说，如果让他换班或转学，他就愿意继续上学。孩子肯继续上学，这是令人高兴的信息。但是一个学期将尽，这时无论是换班还是转学，都不太可能。

我问他："有没有想过其他办法？"他摇摇头，说："不清楚。"于是我继续开导他："赞浩其实很喜欢去上学，和同学一起玩、一起学习的，只是老师好像的确对赞浩有不少偏见，甚至当着你最喜欢的女生的面让你丢尽了脸，所以弄得你一点上学的心思都没有了，是吧？不知道我理解的对不对？"赞浩连连点头称是。

"我倒是有个办法能让你对老师不再那么排斥，你想不想听听

呢？”听到这里，赞浩目光炯炯地问：“是不是有什么好主意？”

“有倒是有，但做起来可没那么容易。不过我敢说，效果肯定是毋庸置疑的。”我让赞浩在纸上写下自己的 50 个优点，在另一张纸上写下老师的 50 个优点。

“我没什么优点！”赞浩斩钉截铁地回答。不过慢慢地，他想起自己身上的一些优点，开始一个个写了下来。写完自己的优点，再写老师的优点就变得容易多了。赞浩拿着这张“优点清单”径自去了学校。后来听赞浩妈妈说，刚开始老师还对孩子的来访怀有戒备心理，但当老师看到赞浩写下来的足足 50 条老师的优点时，她终于忍不住流下了眼泪，紧紧抱住了赞浩。

如今赞浩已经是初中二年级的学生了，在朋友当中非常有人气，学校生活也很愉快。而赞浩的妈妈经过这次情绪管理训练之后，也试着给儿子写出了 50 个优点。她复印了几十张，分别贴在冰箱门、鞋柜、玄关（门厅）和赞浩的书桌上，甚至在汽车车窗的内侧也没忘记贴上小小的一张“优点清单”。

赞浩妈妈说，对孩子生气或失望时，只要看上一眼儿子的“优点清单”，自己说话的语气就会自然而然地缓和许多，情绪管理训练也变得容易多了。不仅和儿子的关系拉近了，赞浩也能理解妈妈、支持妈妈了。看着儿子一天天长大，妈妈由衷地感到欣慰和自豪。

假如在赞浩五年级时，因为和老师关系不和而中途辍学或转学，那必然会衍生出许多新的问题。正因为有了情绪管理训练，以及赞浩的“优点清单”起到的杠杆作用，才得以让赞浩和老师的关系变成良性循环，最终获得皆大欢喜的结果。

也许有人会问，为什么写一个人的优点时，一定要写 50 条，而不是 21 条或 33 条，这未免太教条了吧。虽说关于数量没有科学的依据，但实践证明的确要写够约 50 个优点时才有效果。如果彼此平时能互爱互敬，即使每天只写三四个优点，也能维持良好的关系。但是对于亲子关系恶化，长期备受非难和轻蔑的所谓“问题少年”，因为他们的情绪处于干涸状态，并且有着深深的自卑心理。这就好比用水泵抽水一样，如果是经常使用的水泵，可能只加两三瓢水就能引出水来；但如果是长期不用的干枯水泵，恐怕两三桶水也不够，必须用大水桶灌上五六桶，才能抽出源源不断的水来。

通常，我们维系良好关系的前提是，好与坏的印象比例为 5 ∶ 1；如果想要维系亲密无间的关系，就要把这个比例提升至 20 ∶ 1。所以坚持写出 50 个优点，会让人获益良多。这种“优点明细”多多益善。我们平时就应当养成用心观察他人优点的“习惯”，懂得欣赏孩子，并且在家庭和学校里营造互爱互敬的文化氛围。这些工作都是不能忽视的环节。

称赞和责备孩子时，原则很重要

想要做好情绪管理训练，就应该懂得倾听孩子的话，并形成共感。有人误认为这种倾听和共感的含义是，“必须无条件理解孩子的所有状况，必须满足孩子的所有要求”。孩子的情绪，我们当然要全部接受和理解；但孩子的错误行为或不当话语，我们就没必要包容了。对于孩子的错误，必须及时给予严厉的指点，帮他们纠正不当的行为。

只不过，在批评孩子时应该讲究说话的技巧。带有情绪地对孩子加以训斥，孩子只会被父母的表象所震慑，无法细细品味父母所说的内容。所以，我们必须纠正和改善同孩子对话时的错误方法和态度，更加留意同子女对话的方式。

◉ 称赞的反效果

不少家长认为，对孩子要尽量多称赞。孩子的可塑性很强，平时对孩子多加表扬，就会提高孩子的自信心。他们坚信赞扬的力量可以让鲸鱼跳舞，于是极力主张“对孩子的赞美之词多多益善”。

但是一味的赞扬，果真利大于弊吗？赞扬的力量真的会不打折扣地带给孩子益处吗？我看未必。必须先弄清楚的是，赞扬并不等于奖励。如果说孩子考试成绩不错或画画出色，给他们奖励，孩子会觉得自己对学习的乐趣和画画的热忱似乎与奖励挂钩一样，感觉非常别扭、不舒服，所以会对褒奖这件事比较反感。

美国进步教育学者艾菲·柯恩曾在 2009 年 9 月 14 日的《纽约时报》上发表了一篇文章，提出赞扬对孩子会起到反效果的观点。他提醒家长，无论是作为奖励给孩子褒奖，还是“Timeout”(Timeout 一词本用于体育比赛中，表示“暂停”，这里指通过暂时孤立孩子的方式来规范他的不良行为的简单方式，非暴力，有点类似于关禁闭或面壁思过）式惩罚，都有可能成为大人遥控孩子的手段，以便通过这种方式从孩子身上得到家长自己所期望的某种成效或达到内心满足。孩子在做一件事情时，真正重要的是在投入这件事情时的情绪、目标、兴趣、个性、好奇心、成就感及愿望等，而一旦把奖励和惩罚介入其中，孩子会彷徨迷惑，甚至迷失自己。艾菲·柯恩还强调，要让孩子感觉到爸爸妈妈爱的是他本身，而不是只有在自己表现出色时才能拥有这些爱。

尤其是物质形式的奖励，应该格外引起家长的注意。也许在短时间内，这种做法能有一些效果，但如果想要获得长期效果，家长就不得不用更大的奖励来换取同样的效果，而这会剥夺孩子单纯的成就感，以及对某件事情专注的投入感。因此，如果家长想要赞扬孩子，最好是参与到过程之中，同孩子分享父母的积极情绪更重要。

赞扬，并不是说绝对好或绝对坏，需要了解如何区分有益的赞扬和能引起反效果的赞扬，把握好二者的平衡与协调。赞扬也分有效的赞扬和无效的赞扬，不当的赞扬会害了孩子，家长应该了解正确的赞扬方法。下面是海姆·G. 吉诺特博士在他的《孩子，把你的手给我》一书中讲到的例子。

对于孩子的性格和人格，不去赞扬

“我家的孩子很懂事，经常陪弟弟玩，也很听妈妈的话，很少惹是生非让我们生气。”

没想到刚夸完，孩子却在下一秒做出出格的举动，突然把弟弟惹哭了；本来挺乖巧的，突然玩得很疯，不是撞倒垃圾桶，就是来回跑闹。

就像这个例子讲到的一样，当家长对孩子的性格或人格进行表扬时，孩子却会经常做出截然相反的举动，让父母措手不及。怎么会这样？海姆·G. 吉诺特博士认为，这是因为孩子感到了一种不安和压力。也许孩子会认为自己并不像妈妈所说的那样懂事乖巧，对纠缠不休的弟弟也没那么多耐心陪他玩，甚至希望弟弟最好离他远点，但妈妈偏偏要给他扣上“懂事和照顾弟弟”的帽子，这下孩子就冒出了奇怪的心理，很想用出格的举动向妈妈宣布：自己并不像妈妈说的那样！

由别人给自己的性格和人格下定义，任何人都不情愿，何况是一个孩子。所以，类似“你是个天使”“像你这么正直的孩子怎么可能做那样的事呢”……这种有关孩子人品和性格的赞扬，还是不说为好。

相对于结果，更关注孩子的努力和付出

“真不错，我家景雅得了第一名！”

“哇，这幅画画得真不错。我看参加画画比赛准能拿第一名。”

也许是社会氛围所致，人们在看待一件事情时，总是习惯于更看重它的结果，对过程却很少过问。家长在对待自己的孩子时，也更愿意对他们所做事情的结果给予更多赞扬，然而这种赞扬弊大于利。我们何不把目光从结果转向过程，以更好地认可孩子一直以来的默默付出呢?

“看来你这段时间真是非常努力，成绩提高了不少。妈妈真是为你自豪。”

“你看，妈妈招呼客人一点精神头都没有，多亏你陪弟弟玩，谢谢我的宝贝。”

这种赞扬自然又亲切，不会给孩子造成压力而让他难以接受，对孩子而言是一种鼓励和支持。如果因为孩子得了第一而对其大加赞扬，那孩子会感到一种压力，“如果下次不能得第一就惨了”“我不敢保证每次都能画得很好，怎么办”……他们生怕自己下次不能达到父母的期望，而让他们大失所望。

在对的时候，做对的表扬

赞扬，也要看准时机。孩子有出色的表现时，应该立刻回应，表扬他。如果偏偏那个时候家长的心思不在这里，无意间错过了称

赞孩子的时机，事后回过神来才想起赞扬孩子几句，这种做法很容易让孩子感到困惑。如果在不得已的情况下错过了及时称赞的机会，未能对孩子的出色表现给予及时的认可，就算在事后补上，最好也不要间隔一天以上。

孩子的时间概念和大人不同。孩子们通常是按照“此时此刻”的方式来感受每个瞬间。对他们来说，“遥远的将来”这种概念没什么意义。对于记忆，孩子也是在具体情境中连同情绪一并保存的。因此，一旦过了当时的情境和情绪，事后再表扬孩子，这种脱离情境的表扬很难深入到孩子内心中并将其保存为记忆。所以对家长来说，最好能在孩子经历情绪情境时一同参与其中。

如今的家庭大多是双职工家庭，孩子一天中的大部分时间都在幼儿园或学校度过，父母不可能陪同，所以这段分离时间内孩子经历的许多事情，父母都没法一同体验和感受，这是无法改变的事实，很令人无奈。所以等到周末或假期和孩子共享休闲时，即使没有什么特殊的话语或赞扬，仅仅是全身心地陪伴孩子，就足以为孩子的自信心和自豪感打气。

赞扬的理由应具体陈述

空洞模糊的盲目称赞，对孩子来说是苍白无力的。“做得真好”“做什么都这么出色”“很优秀”……诸如此类的赞扬，对孩子来说是模糊的、不清晰的。孩子很可能会把家长的这种不够具体的赞扬，与根本不相关的其他事情联系在一起，从而产生一种错觉。例如，爸爸白天上班时接到妈妈打来的电话，说孩子今天背了十个单词，很了不起。于是爸爸就特意记住了这件事，一推门就对孩子大加赞扬："我儿子今天太棒了！"偏巧，孩子几秒钟前在地板上洒了一杯牛奶，正在不知所措中，爸爸进门便对自己赞扬不已，难道他认为这杯牛奶洒得恰到好处？

所以，表扬孩子时要具体地说明事由，告诉孩子，爸爸妈妈是因为哪些事情而表扬他。

"听妈妈说，你今天背了十个单词，真了不起！能不能告诉爸爸，你都记住了哪几个单词？"

"这段时间你数学学得那么用心，果然有进步，比上次少错了两道题。"

"你为小狗披上了绿色的皮毛，这真是天才一样的奇思妙想！"

"真棒，自己把看过的书都整理好，摆放在书架上了。"

表扬，要在对的时候说，而且要说得具体、明确，这样才会锦上添花。

◉ 批评也要讲究方法

如果孩子在听到责备时，能够意识到自己是因为哪件事做错了才会受到批评，那么他们的内心并不会产生被伤害的感觉。许多时候，家长因为孩子犯了错而责备孩子，但孩子不仅不反省，还会唱反调，这都是因为批评本身不到位（并不是说力度不够，而是针对性不强）造成的。前面我们讲到赞扬要讲究方法的必要性，其实责备孩子也同样需要讲究方法。因批评的方法不同，孩子的反应也不同，孩子可能会在接受批评后按照父母所期望的那样，诚恳地认错并积极改正。如果方法不得当，只会加重孩子的不满和抱怨情绪，久而久之，将恶化家长和孩子的关系。

批评孩子时，不针对人格和性格

触犯了他人的人格，往往会遭到不好的后果。家长常常有意无意地触及孩子的性格或人格，孩子不小心弄洒了牛奶，就会招来家长的大声责骂："你怎么这么不小心？"借来的书没有及时送还，家长也会数落孩子："你那本书不是该还了吗？怎么这么粗心大意？一点诚信都没有，不会又给忘了吧？"这些都是冒犯孩子人格和性格的极为不当的典型例子。

用这种方式责备孩子，不但不会让孩子意识到自己的错误并加以改正，反而会让孩子对自己产生种种怀疑："是不是我真的很健忘？难道我是个没有诚信的人？也许我是个坏孩子。爸爸不喜欢我这样的孩子。我是个惹事鬼。我是个自私的人。我是一个什么也做不好、很没用的人。"

批评要就事论事

其实，我们完全可以在针对孩子的错误进行批评指正的同时，兼顾孩子宝贵的人格和性格——只要就事论事就可以了。

就算孩子借了别人的书没有及时归还，家长也不必唠叨个没完，一味地责备孩子。"咦？你不是说这本书已经过了还书日期吗（情境）？说不定你的朋友等着急用呢（情境）。我是担心（情绪）如果违背了约定，会在朋友之中没了信用。借来的书还是按时还给人家好（希望）。”如果针对事情本身来分析，既不用训斥也不用非难，孩子便能领悟到自己的失误了：“哎呀，下次我可得小心了，我可不想成为不守信用的人。要不，我现在就去一趟吧！”

这种方式的批评，有助于培养孩子独立解决问题的能力。批评不再让孩子垂头丧气，而能让孩子有所突破和成长。

◉ 如何把“生气”表达得淋漓尽致？

进行情绪管理训练时，我发现不少家长对此有错误的理解，认为在这个过程中，家长必须尽量掩饰自己的情绪。但情绪管理训练不是伪装表演，所以在孩子犯了明显错误让你很生气时，家长当然可以把自己的情绪发泄出来。这种情绪流露是正常的现象，只不过要把握好尺度和方法，不要带有挖苦、轻蔑和讽刺的意味。情绪可以表达出来，但这种情绪不应该带到彼此的对话中，只有以平和的心态冷静对话时才能获得满意的效果。还有一点需要注意，在这个过程中，家长必须站在“家长”的立场向孩子说明，孩子所做的错误行为会给父母带来怎样的后果，让他充分认识到这种行为的后果，孩子也就不再有抵触心理，而是可以比较客观地反省自己的行为。

举几个简单的例子。孩子撒了谎，这个谎言很蹩脚，可以说漏洞百出，但孩子还是试图继续用谎言来掩饰。如果这时大人说：“真是大胆，哪来的这么大胆子，竟敢对妈妈撒谎，你以为妈妈会上当？你真是气死我了！”这种挖苦和责难，只会让孩子反感和抵触。

“妈妈有种被骗的感觉，不知道你现在心里怎么想的？”

这时孩子就会如实向你袒露他的内心：“其实我并不是有意要骗

妈妈，事情是这样的……”

当孩子没有守约时，不妨直接说：“好像你忘记约定了，是不是有什么特别的事情给耽误了？爸爸有些失望……”“爸爸本来挺相信你的……”“妈妈现在很生气……”

假设孩子在没和家长打招呼的情况下很晚回家，让家长又着急又生气。“你不看看现在都几点了，怎么才回来！”如果气急败坏地训孩子，孩子可能会急于用一些借口来搪塞或掩饰。

可以换一种说话方式：“你这么晚也不回来，妈妈担心你会出什么事。”“最近外面那么乱，坑蒙拐骗多得是，这么晚也不见你回家，担心死我们了。”站在“父母”的立场，把孩子的这种行为导致家长提心吊胆的情况如实讲给孩子，孩子就会或多或少理解父母的用心良苦，也会提醒自己下次注意，尽量不再让爸爸妈妈担心。

◉ 学会先说声“对不起”

世上没有十全十美的家长，他们有时也会控制不住激动的情绪，有时也会没调查清楚就训斥孩子、误会孩子，犯各种低级的错误。这时，家长应该勇于承认自己的错误，主动向孩子道歉。戈特曼博士称，家长在做错事情后能主动向孩子认错，将是对孩子十分有效的正面教材。

家长因为自己的失误主动道歉，会让孩子逐渐明白，原来失误并不等于失败。家长在犯错后真诚地向孩子认错，可以起到很好的榜样作用。因为在孩子眼里，爸爸妈妈都是世界上最了不起的人，而这样高大的爸爸妈妈却因为做错了事而向自己认错，他们会立刻感觉到："原来像爸爸妈妈这样的大人也会犯错和失误啊，原来做错事后，是要这样解决和改正的……"通过这个过程，孩子可以学习做错事后改正的方法。如果爸爸妈妈碍于面子，固执地不肯认错，那孩子当然也会学到另一种"榜样"，"做错了事情也可以不认错"。

能够认清自我过失的孩子不会急于辩解，也不会害怕做错事。因为他们领悟到即使不小心做错了，也有机会可以改正，让事情向好的方向发展。

正面认识到自己的失误，并积极地改正，是一种可贵的生存能力。因为没有一个人在生活中不犯任何错误，人的一生中总难免犯下或大或小的错误。

孩子都是看着父母一点点学习和成长的。做错了事情肯认错，并懂得道歉，这是家长不可推卸的责任。家长通过自身的行动向孩子表明，人不是完美的，不可能不犯错，重要的是犯了错误后应认清自己的失误，并积极去改正。

男孩和男孩一起，女孩和女孩一起

不要刻意纠正或安排，硬让孩子们合群玩

孩子在满 24 ～ 36 个月时，通常喜欢和同性伙伴一起玩。女孩们喜欢过家家游戏，男孩们喜欢玩汽车玩具，但他们却不太喜欢跟

异性伙伴一起玩。这是什么原因呢?

其实这是非常正常且自然的现象，也很普遍，所以大人千万不要加以干涉:“贤哲，你跟景雅一起玩多好！”男孩喜欢和男孩玩，不喜欢和女孩玩，对于孩子的这种表现，家长不必刻意指出或纠正。如果硬让他们跟异性小朋友一起玩，就等于剥夺了他们体验幸福的机会，使他们的幸福指数大大低于和同性伙伴玩时，这里面有什么科学原理吗?

男孩大多喜欢激烈而顽皮的游戏，富有挑战意识，也喜欢支配性游戏。而女孩却不同，女孩喜欢照顾别人，喜欢合作性游戏。因此，非让男孩和女孩一起玩，只能大大降低他们在游戏中的快乐指数。而且和男孩一起玩，对女孩来说反而弊大于利。女孩喜欢在游戏的过程中通过鼓励和支持别人来“成就”他人。而男孩与此相反，喜欢用吓唬、干扰（妨碍）和夸张等方式进行竞争式游戏，因此男孩无法理解女孩的游戏方式。另外，女孩大多会温柔且有礼貌地表达自我情绪及想法，而男孩喜欢直接且明确地表达自我情绪，所以当女孩表达得不明确时，男孩就会很难理解女孩的话，彼此在沟通上感到吃力。

由于这种特性差异，女孩会觉得男孩的这种态度是无视自己的意见，而且女孩喜欢在遇到矛盾时努力尝试解决，而这种努力在男孩的世界中是行不通的，这会让女孩产生挫败感。据说，这种模式会一直延续到他们的儿童期、青春期、成人期，甚至贯穿一生。夫妻俩一起过日子却总感觉难以沟通，事实上早在他们两三岁时，就已经预示了将来的这种结果。

4 和孩子交流的情绪管理训练五阶段

情绪管理训练的第一阶段：解读孩子的情绪

情绪管理训练并不是任何时候都可以进行的。孩子没什么情绪波动时，大人却上前问“宝贝是不是生气了”或“我感觉你现在很幸福”，就显得没有必要。顾名思义，当孩子表现出情绪波动时适时地介入，才是情绪管理训练。这就要求大人必须及时、准确地捕捉孩子的情绪变化。

情绪管理训练的第一步，就是“解读孩子的情绪”。父母都爱自己的孩子，很关心孩子，所以他们认为，解读孩子的情绪并不是难事。其实不然。在人们的潜意识里，只会看到自己希望看到的东西，因此对于平时不怎么留意的部分，便很难觉察到。本能导致人们更善于看到那些和自己相关的、感兴趣的或在意的东西。

对孩子的情绪也是如此，如果不努力观察和解读，就很可能错失孩子的瞬间情绪表现。有时因为放弃了重要的情绪信息，就可能在无意间伤害到孩子，这种事情时有发生。要想解读孩子的所有细微情绪不太可能，但我们至少可以去捕捉和解读孩子希望他人了解

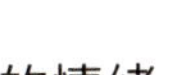

的情绪。

◉ 当孩子表现出情绪苗头时，你就应该觉察到

尚不会说话的孩子会用哭声来表达他的不适感，饿了或尿了，他们都会用哭声发出信号。如果这时妈妈眼明手快地给孩子塞进奶嘴、换上干净的尿布，孩子就会立刻止住哭泣，甚至对你莞尔一笑。但如果妈妈只顾着忙碌，没有注意到孩子的哭声，耽误了回应的时间，孩子肯定会哭得越来越厉害。

如果这时妈妈还没有出现，孩子可能会哭得声嘶力竭。妈妈这才放下手中的活，手忙脚乱地跑过来喂奶、换尿布，这时孩子就不容易止住哭声了。哄着抱着也不管用，直到哭累了才会停止。

由此可见，如果不能适时解读孩子的情绪，这种情绪只能像气球一样膨胀。遗憾的是，很多家长并不了解孩子的情绪越来越激动的原因，其实是家长没能及时解读孩子的内心需求，放任了这种情绪的扩大和发展。由于家长不明白这是因为自己对于孩子的情绪要求没有迅速做出回应导致的，有时甚至还会埋怨孩子，对孩子的情绪显出一副困惑的样子。

一旦孩子的情绪高涨到极点，那么恢复平静需要的时间就更长，而更重要的是孩子会感到疲惫。因为表达情绪需要消耗大量的能量，孩子在过于高兴和兴奋时，消耗的体力已经很多了，当他们感到不安时，所消耗的体力就更不用说了。所以，当孩子刚开始表现出情绪变化的苗头时，最好立刻做出回应，以免孩子的情绪过于激动。

◉ 关注行为之中隐藏的情绪

孩子的语言表达能力尚未发达时，他们更喜欢用肢体语言来表达情绪，这时需要留意他们的行为，才不会错过细微的情绪变化。尤其是性格内向不善于表达的孩子，更应该注意观察。发脾气、摔玩具，这些明显的行为很容易让家长发现孩子的情绪波动，但如果孩子只是耷拉着脸，悄悄地躲进自己的房间里，那大人就很可能错过孩子的情绪波动表现。

孩子是用全身的肢体语言来表达自己的情绪的，大人想要尽量准确地解读，并不是件容易的事情。因为行为是显而易见的，而情绪却是隐藏在行为背后的，所以家长往往首先对孩子的行为做出反应，随后才会发觉隐藏在背后的情绪。例如，孩子闹情绪时，“哐”地关上房门，家长很难冷静地想到“可能孩子是生气了”，更多的时候是容忍不了孩子摔门的“恶劣行为”，于是立刻像被点燃的炸弹一样冲孩子大吼：“你这小子竟敢摔门，你太有本事了！”

当我们只看到行为时，就不可能解读出隐藏在里面的情绪；而我们不能及时解读情绪，就会导致孩子后期的行为更激烈，这是个恶性循环。家长必须练就“火眼金睛”，通过孩子的行为，关注其行为背后的情绪。捕捉隐藏在行为里面的情绪，这就是我们所说的情绪管理训练的第一步。

◉ 情绪也有各种色彩

人类不论国籍、语言、人种，都具有普遍的情绪。快乐、悲伤、

愤怒、惊吓、轻蔑、恐惧和厌恶就是我们所说的普遍情绪，尽管语言不通，但通过对方的表情，我们也可以读懂对方的情绪。由于受文化的影响，除了这七种普遍情绪，还有由此衍生的丰富多样的情绪。这些与文化息息相关的后天情绪，仅靠面部表情难以立刻破解并读懂。

这些先天的情绪和后天的情绪加在一起，就汇成了丰富多彩的人类情绪。快乐也分为淡淡的喜悦、洋溢的幸福和澎湃的极度兴奋感；生气也分为愤怒、闷闷不乐、猜忌、烦躁、激怒、挫折和厌烦等不同程度的类别。人类的七种普遍情绪，可以说是生存所必需的、最起码的情绪。倘若误入语言不通的野蛮部落，想要活命，就必须迅速做出友好的表情，让对方明白你没有敌意。如果你的脸上充满敌对情绪却想要活命，恐怕只有跑得比他们快或打败他们了。

仅靠七种普遍情绪，无法让人生丰富多彩。能理解更多种类的情绪，才能感受到生活的丰富多彩和深奥微妙。也许有人会问，如果是好的情绪倒能理解，但类似愤怒、嫉妒和憎恶等负面情绪，就没必要经历了吧？请问，如果一幅画中只用到灰色和黑色等沉重黑暗的色彩，那这幅画还能称得上是一幅经典画作吗？就算我们描上再多艳丽多彩的颜色，始终会感觉少了些什么吧？

情绪本身不存在值得体验和不值得体验之分，所有的情绪都是弥足珍贵的。对情绪来说，只存在处理是否得当之别。每种情绪的存在都是意义非凡的。例如“恐惧”，人类如果没有恐惧感将会怎样？人在感到恐惧时有种本能的自我保护意识，如果孩子没有恐惧感，可能会认为从 15 楼跳下去也无所谓，反而觉得刺激好玩，于是失去了防备心理。人们攀上陡峭悬崖时，正是因为有了恐惧心理，才会小心地挪动每一步。

正如上述所说，任何情绪都有着自我的色彩，丰富着我们的人生，所以，我们有必要帮助孩子体验丰富多样的情绪。想要达到这个目标，就要在孩子有情绪变化时，敏锐地觉察并及时进行情绪管理训练。

◉ 难以了解孩子的情绪，何不开口问问

有时候，我们只要看看孩子的表情，就能准确判断出孩子的情绪。当他哭泣时，可能是经历了什么伤心的事情；当他握紧拳头气喘吁吁时，恐怕是什么事情触怒了他，这时就可以认定，孩子“可能是伤心了”或“可能是生气了”。不过单凭表情和肢体语言就准确捕捉到对方的情绪并不是一件容易的事。

人类的基本情绪，只看对方的表情就能轻易判断出来。但人类的表情毕竟是情绪范畴的事物，有太多可能性。有些不起眼的微小情绪，也会通过表情来表达。除非你是资深的表情专家，否则仅靠表情，很难准确读懂对方的情绪。

当然也有一些简单易懂的表情。例如，好奇时眼睛睁大，表情生动；羞愧时脸色像熟透的番茄，或遮住脸孔，或耷拉着头；伤心时嘴角下撇；高兴时嘴角上翘；生气时咬紧牙关，紧锁眉头……但

有时也会有例外，因此仅靠表情来判断孩子的情绪是不可取的。如果只依据表情确定孩子内心的情绪，就会使情绪管理训练更有难度，甚至会弄巧成拙。

我们用语言直接问孩子时，应选择开放式的提问，如："你现在感觉怎么样？"而不是选择封闭式的提问，如："你生气了？"因为被问及是否生气时，孩子无非回答"是"或"不是"，没有其他选择的余地。而被问及"你现在感觉如何"时，孩子可能会冒出许多丰富的回答，诸如"我困了""有些烦""心里闷得很""我在担心明天的考试""很不安"或"正在脑子里过一遍以前背过的东西呢"等。

"情绪天气一览表"，适合语言表达尚不成熟的孩子

也有很多孩子在面对大人提出的"你现在心情怎么样"的问题时，还只能以"不清楚"或"还可以"来回答。无论是"不清楚"还是"还可以"，看似简单的回答里却蕴含着多种含义。也许他们的心情既不是太好也不是太糟糕，所以才会这样回答；还有些孩子可能因为不喜欢说话或怕自己说得不够好，担心大人不高兴，才会简单应付地说"还行"；而年龄更小一些的孩子，尽管很想表达，但由于语言表达能力尚不成熟，所以只能这样含糊地回答。

有时候，孩子的确是因为不清楚自己的真实想法或不知道该如何表达，才会这样回答。如果这时给他们看一个"情绪天气一览表"，让他们把此刻自己的感受用画面中的图形来表示，那孩子就可

以很快找出符合自己情绪的图形来。所以，制作一个“情绪天气一览表”，配合“现在心里的感受像哪个图形”之类的提问使用，会收到不错的效果，孩子也会更轻松地表达出自己的情绪。尤其是对于一些特定术语尚不理解的孩子，让他们直接把此刻的心情画下来，往往会很有效，是值得推荐的办法。“我们把心里的感受用天气画出来怎么样？”孩子可能会画个笑眯眯的太阳公公、肆虐可怕的暴风雨或阴云密布的天空，用这些来表达自己的情绪天气。只有在这个环节中，准确地分析出孩子的情绪色彩，第一步的情绪管理才会顺利得多。

【情绪天气一览表】

摘自：Copyright 2007HeartMathLLc

情绪教室

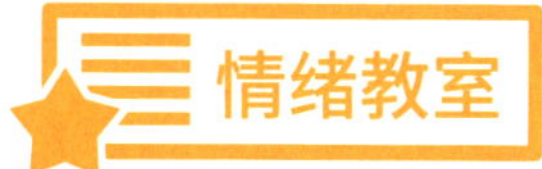

小学五年级裴忠媛的情绪天气记录表

【好心情天气一览表】

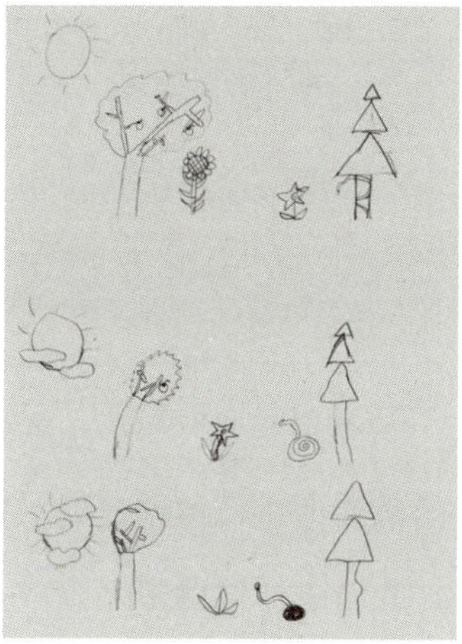

体力消耗大

飘飘然，极致感，憧憬

↓

心情晴朗（正面情绪）

↓

宁静，安逸

体力消耗小

【坏情绪天气一览表】

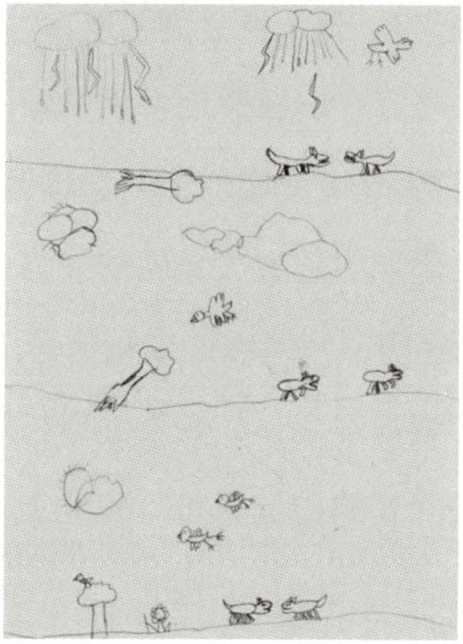

体力消耗大

愤怒，冲动

↓

烦躁，心情糟糕（负面情绪）

↓

忧郁，厌食症

体力消耗小

情绪管理训练的第二阶段：把情绪性的瞬间当作好机会

“看来你生气了”“看起来很忧郁”“好像很烦躁”……当家长觉察到孩子的某种情绪时，就要判断是否需对他进行情绪管理。有些家长认为，孩子正处于情绪激动状态，此时进行对话未必奏效，于是决定等孩子平静一些再和孩子谈谈。也有一些家长只要看到孩子闷闷不乐，自己的心情也会变得糟糕起来，恨不得立刻回避。

戈特曼博士建议，情绪管理训练最好在情绪波动发生的瞬间进行，尤其是表现出强烈的情绪时，正是情绪管理训练的最佳时机。孩子毫不掩饰地表露情绪，说明他希望能引起大人足够的注意，需要大人帮忙。它是孩子对于此刻自己经历激烈情绪的求救信号：“我现在心情很糟，不知道要怎么解决，请帮帮我！”如果父母打算等孩子情绪平静后谈，那就错失了解决问题的最佳时机，只能加重孩子内心的负担。

情绪管理训练型父母很善于捕捉孩子细微的情绪变化，在孩子

陷入更大的困惑和挣扎之前，就懂得接纳和解读孩子的情绪。因此无论是家长还是孩子，都不会让情绪发展到不可收拾的地步。

我们都说风险即机会，孩子在表达情绪的一瞬间，也是增加与孩子的亲密感、帮他顺利调节情绪的最佳时机。所以，在孩子发脾气时就要想到："轮到情绪管理训练登场了，孩子现在需要我的帮助，情绪管理训练该登场了。"

◉ 情绪越激动，越是好机会

家长可能在理论上明白，孩子发脾气时，正是进行情绪管理训练的好机会，但是真正当孩子发泄情绪时，家长还是免不了自乱阵脚，拿捏不好是否要进行情绪管理训练。尽管是自己的孩子，但孩子失去理性、做出过激的行为时，家长可能会顿时慌了手脚，失去疏导孩子情绪的冷静与勇气。由于反感心理和担忧情绪，家长往往不能立刻做出积极有效地回应。

通过情绪管理训练，我接触的人不计其数。我相信每次见面都是一种缘分，其中也不乏特殊且难得的缘分。有个小学一年级的男孩，让我印象非常深刻。石镇（化名，八岁）当时的表现让人非常担忧，他揪自己的头发、用刀在手臂上自残、从高处往下跳，还故意打碎玻璃窗。石镇从四岁起，就因为患有注意力缺陷多动障碍（ADHD，俗称儿童多动症）不得不服用神经类药物。孩子的过激表现把妈妈吓坏了，她把孩子领到医院时，大夫建议让孩子立刻住进精神科病房，接受至少一个月以上的药物治疗。妈妈不甘心，抱着一线希望，领着孩子来到我的工作室接受心理咨询。

“医院方面是怎样诊断的？”我问。

“精神分裂症……”孩子妈妈弱弱地回答。看得出这位妈妈在这件事上同样受到了巨大的内心打击。石镇是硬被妈妈拽过来的，此刻正气呼呼地坐在椅子上，耷拉着头。

我主动问孩子：“你现在觉得怎么样？”

石镇这才抬起头，瞥了我一眼，冒出一句“糟透了”，说完便又垂下头。

“看得出你现在心情很糟糕，我也能感觉到。那么，你可以给我讲讲吗？”

谈话就这样你一句我一答地继续着。

“就是很生气，我讨厌上医院。”孩子开始有些哽咽。

“我明白了。你不喜欢去医院，所以才会生气。”

我边关注孩子的回答，边采用镜子式反应法，心平气和地回答他。孩子的情绪似乎缓和了许多，抬头望着我。

“那你觉得做些什么能让自己高兴起来呢？”

“去看海！”

“想去海边？”

“对！”石镇的表情一下子明朗起来。

“哦，你想去看海。那到了海边都想做些什么呢？”

“钓海鱼！”

孩子的情绪完全平静下来了。为了进一步判断是否真有必要住进精神病院，我向孩子妈妈提议，最好对其进行一整晚的观察。毕竟对于小学一年级的孩子来说，住进精神病院接受 1 个月以上的治疗，只能说是不得已而为之的最后方案，绝不应该是唯一的选择，必须进行更精确和全面的诊断及分析。我们满足了孩子的愿望，领他来到海边。当然，我们事先得到了孩子妈妈的同意。

在海边，我们找到专供钓鱼的地方，可惜没有供孩子用的儿童钓竿。我问石镇:“我们在一旁看看别人钓鱼，怎么样？”孩子点点头，于是我们一起看老人们在海边钓鱼。方才还情绪烦躁的石镇，此时完全看不到刚才激动的样子。他活泼、开朗，而且可以条理清晰地表达自己的想法，也很懂得配合，甚至还主动向钓鱼老人问了些自己感兴趣的问题:“爷爷，这些鱼都是什么时候钓上来的？”他就这样在海边兴致勃勃地观看海钓，愉快地吃过饭后，我们便返程回家。

那时已经是晚上十点了，我问孩子，“今天过得怎么样？”

石镇展开一脸无邪的笑容，说:“太开心了！”

“哦，那我们今天有过哪些高兴的事，把它们都写进日记里，好吗？”

石镇平时在学校经常受到体罚，挨老师批评，学习成绩不佳。石镇年纪比较小，考虑到用文字记日记可能会有些困难，我提议用画画的方式将其画出来。我找出蜡笔和素描本让他画，孩子的画着实让我赞叹不已。每片鱼鳞都画得那么精致生动，令人惊叹。“鱼的颜色太漂亮了，你看，鱼鳞和眼睛就像活的一样栩栩如生。”孩子听到我的赞扬，很高兴。

在陪他玩的过程中，我们显然增加了亲密感，于是我又问了些其他问题：“今天你说想去海边，是什么时候开始有的想法？你觉得钓鱼是什么感觉？”孩子说，他之所以那么想看海，是因为想起了和爸爸在一起的往事。小时候爸爸妈妈不和，经常吵架，最终不得不离婚。离婚后，妈妈带着石镇搬到了首尔，这样一来，石镇就要同他熟悉的釜山的一切道别。而最让他不舍的，就是和爸爸分开，孩子很想念爸爸，但又见不到他，这样他经常怀念起同爸爸一起去海边钓鱼的时光，所以才会一心渴望去海边看看。

原来孩子是因为不知道如何表达自己对爸爸的思念之情，才会用哭闹和惹是生非的方式来发泄自己的情绪。面对周围一天天增加的训斥和不满，他极端地从窗户跳下来，甚至用自残的方式来发泄内心积压的痛苦。这既不是多动症，更不是精神分裂症。

据说，父母打算离婚的那段时间，两个人吵得很凶，甚至操起过刀子。遗憾的是，这些恐怖的情景都被石镇看在了眼里。大人往往觉得孩子很小，不会记住这些，但是他们错了，石镇清晰地记着那天可怕的一幕，这也成了孩子内心中挥之不去的伤痛。我向孩子妈妈说明了孩子的情况，告诉她，孩子很有画画天赋，并提议用画画的方式来教孩子学习数字和语文。从那之后，石镇的画不但多次获奖，他的学校生活也适应得很好。如今，他同其他所有普通的孩子一样，过着平静的生活。

石镇的妈妈心有余悸地说，如果当初孩子表现出自残等过激行为时，自己没有想到前来接受情绪管理训练，那今天她和孩子会是什么样子，简直不敢想象。一个小学一年级的孩子被隔离在精神病院里，绝望地想到自己不被理解，甚至连妈妈也抛弃了他，恐怕孩子的情况会更加恶化……种种设想，都让她感到后怕。

石镇的妈妈不无欣慰地说道，自从了解了情绪管理训练，她和孩子的关系拉得更近了，彼此增进了信任。以前总以为孩子继承了他爸爸的脾气，才会倔强、暴躁，净做些让人头疼的事情。但是通过情绪管理训练，她发现原来儿子很聪明，很有爱心，而且心灵手巧，这一切都让她倍感欣慰和感激。

◉ 捕捉细腻微小的情绪变化

虽说孩子情绪正激烈时，是情绪管理训练的最佳时机，但也不必为了夸大效果，就一味地等待孩子的情绪达到高潮。如果是这样，实在是捡了芝麻丢了西瓜的愚蠢行为。

情绪管理训练的原则是，在孩子有细微情绪波动时，就要留意和进一步解读，避免孩子的情绪激化。尽管在刚开始，这些细微不显眼的情绪很难捕捉和察觉，但家长若能细心且有意识地认识那些“初露端倪”的情绪，当孩子遭遇更大的情绪时，家长也会心里有数，不至于感到突兀、陌生而产生挫败感了。

恩赫四岁，在这个小区里，同龄的伙伴并不多，邻居家五岁的秀彬是他唯一的伙伴。两个孩子都是独生子女，每天一起去幼儿园一起回家，形影不离。但是如同其他同龄小孩一样，他们俩也经常玩得好好的却突然打了起来。这样一来，每次哭的都是年龄偏小的恩赫。

每当这时候，恩赫的妈妈就忍不住莫名地上火，甚至对秀彬有一点点不满。但想到孩子哪有不“打打闹闹”就长大的，于是就没过多干涉。而小恩赫也知道，除了秀彬没别的孩子可以陪他玩，于是哭归哭，每当秀彬说要回家，他就会立刻忘了方才发生的一切不开心，拽住秀彬不让他走。

孩子吵闹的原因常常是玩具。不过也怪，那么多玩具，俩人非得争抢一个。要是平时，孩子稍微吵吵闹闹后，大多会是恩赫把玩具让给秀彬，唯独这天，恩赫不干了。

“不给，这是我的！”

恩赫紧紧拽住玩具汽车，怎么也不肯放手，生怕被抢过去。

“玩一会儿就还给你。你要是不给我，我就回家了！”

还是过去那一套，秀彬又用回家来威胁，但是恩赫依然不依不饶，哭着不松手。

“恩赫，秀彬不是说玩一会儿就还给你吗？恩赫乖！”

妈妈想出面收拾僵局，但是恩赫哭得更厉害了。“我就不！就不！”秀彬觉得有些尴尬，自己回家去了。其实恩赫紧紧抱住不肯松手的玩具，是恩赫最喜欢的玩具，其他玩具都可以让给秀彬，唯独这个他不愿意。本以为妈妈会站在自己这边，没想到连妈妈也不理解自己，恩赫只能更伤心、更生气、更委屈了。

事后尽管妈妈向他道歉了，但恩赫的情绪似乎并没有平静下来，他讨厌妈妈不帮自己说话，也讨厌秀彬抢他最喜欢的玩具。

“我再也不和秀彬哥哥玩了！”

后来秀彬的妈妈也提到，由于恩赫总不愿意把玩具给秀彬一起

玩，还动不动就哭，秀彬也不喜欢跟恩赫一起玩了，看来两个孩子都因为这件事受到了伤害。两个孩子虽然过去一直都是小打小闹，但毕竟玩得还算不错，经过这次事情，他们显然是出现了交际危机，恐怕注定要彼此疏远了。虽说这时候通过情绪管理训练也可以将孩子的关系恢复如初，但是毕竟这事已经过了一段时间，时过境迁，于事无补，两个孩子无一例外都受到了伤害。如果当初家长能及时捕捉到孩子的矛盾火花，及时进行情绪管理训练，恐怕孩子也不会大动干戈，搞到这个地步了。

在这件事情中，恩赫妈妈的表现当然不能被看作等待孩子情绪达到激烈化的故意行为，但有一点可以确定，在她预见到孩子的情绪波动后没有及时介入，才会使两个孩子增加了对对方的怨恨，终于在某个点上爆发出来。

明智的做法是，未等到这种矛盾激化时，就提前进行情绪管理训练。只要留心，从孩子的表情、语气和肢体语言中，完全可以捕捉到苗头。一旦捕捉到了征兆，就要及时问孩子现在的心情怎么样，然后进入情绪管理训练的第三阶段。

情绪管理训练的第三阶段：感受并倾听孩子的情绪

情绪管理训练的第一阶段和第二阶段，都是家长观察孩子的情绪，决定是否要进行情绪管理训练的环节。事实上，这两个阶段都是发生在家长内心里的，是与孩子正式对话之前的阶段。和孩子正式对话，是从第三阶段开始的。

第三阶段是感受孩子情绪的阶段。感受孩子的情绪也需要技巧，不能抱着“你不说，我也都知道你心里在想什么”的优越心理接近孩子。即使家长对孩子的情绪有了大致的猜测，也应把握好说话方式，充分给孩子留出自我审视情绪的空间和时间。观察孩子的情绪，并且充分认同，是情绪管理训练第三阶段的核心内容。

在情绪管理训练的五大阶段中，第三阶段尤为重要，它占据情绪管理训练的绝大部分内容。甚至可以说，第三阶段能否有效进行，将直接影响着情绪管理训练的成败。第三阶段进行得顺利，随后的第四阶段和第五阶段就没什么难度，可以圆满进行了。

◉ 负面情绪与正面情绪请全部包容

对于孩子的情绪，无论是何种形式，家长都应该感同身受，不应对孩子的情绪持有任何偏见。当然在现实生活中，家长面对孩子的某些情绪时，往往会在不知不觉中让偏见先入为主。对于孩子过激的情绪表现，家长会觉得不可思议、担忧或反感。这种情形大多出现在孩子表现出强烈愤怒情绪时。

孩子和同伴一起玩耍，却因为小事大打出手，生气之余，孩子可能会说出过分的话："我恨透他了！死掉算了！让他在我眼前消失！"

在多子女家庭中，当孩子觉得弟弟或妹妹抢走了爸爸妈妈对自己的爱时，由于嫉妒和不舍，也会冒出类似这样可怕的言语。孩子当然并不了解"死"意味着什么，只是借助这个词来表达不想再看到对方的心情。但从父母的角度看，这些话语显然没法让他们坦然接受。

想到孩子会有如此恐怖的想法，父母可能会立刻训斥道："住口！不许那样说！""你怎么能说出这样可怕的话？"一旦这样，情绪管理训练恐怕还没来得及拉开序幕，就以失败告终了。即使孩子用稍微过激的语气表达他的情绪，家长也至少应该对情绪本身持认同态度。

"看来正载是真生气了，希望朋友死掉算了。"

"哦，瑞娜看来对妹妹有不少怨气，甚至希望妹妹消失。"

对于孩子的情绪，家长要给予接纳态度。当然孩子希望朋友或弟弟、妹妹死去的话绝不是好想法，因为讨厌朋友或弟弟、妹妹而出手伤人或折磨他们，这些都是错误的行为。但在这之前，如果家长不能正视和接受孩子的情绪，就等于剥夺了孩子对自我行为进行是非判断的机会。孩子必然会因为爸爸妈妈不理解自己的心情而加深对父母的抱怨，心情也会更糟糕。

家长在努力认同孩子的情绪时，经常会感到困难重重，这是因为他们在骨子里把情绪分为好情绪和坏情绪。这里所说的好情绪是指喜悦、快乐、幸福和惬意等；坏情绪则是指悲伤、孤独、憎恶、愤怒、生气、嫉妒和恐惧等。家长坚信，好情绪能让孩子感到幸福和舒适，有助于孩子积极健康地成长；而坏情绪会让孩子消沉、疲惫，只会让孩子朝负面方向成长。

正因为家长把情绪用好与坏区分，所以从内心来说他们无法接受孩子的坏情绪，一旦孩子表现出负面情绪，他们就急于帮助孩子消除这种情绪。压抑型父母在孩子表露出所谓的坏情绪时，会立刻加以训斥。孩子心爱的宠物狗死了，孩子很伤心，这在家长看来简直无法接受："不就是只小狗吗？死就死了，哭哭啼啼的干什么，不知道的人还以为是家里死了人呢。"就这样忽视掉孩子的情绪。缩小型父母则会说："好了，别哭了。妈妈再给你买只更可爱、更漂亮的小狗。"总之，他们会想方设法让孩子早一些摆脱悲伤的情绪。

无论是压抑型父母还是缩小型父母，由于他们迫切希望孩子能尽早摆脱坏情绪，变得所谓的更坚强、更幸福，所以总是急于极力否定负面情绪。但事与愿违，孩子在自己的负面情绪遭到遏制和否定时，通常会产生惭愧心理和内疚感。尽管这是大家普遍存在的情绪，但孩子看见家长的反应后，会认为也许真是自己身上存在不够好的地方或自己哪里不对劲，才会有这样奇怪的情绪产生。

如果想对孩子进行情绪管理训练，就不应该将情绪分为好情绪

和坏情绪。只有当家长能正视孩子的情绪，能不偏不倚地接受它时，才能进行情绪管理训练。

◉ 孩子自身莫名的情绪，父母也应学会包容

情绪不可能总是以鲜明的方式出现，很多时候它是以多种情绪掺杂在一起的复合形态出现的。大人由于有多年的生活阅历，对于复合型情绪的涌现也能坦然面对，但孩子不同。孩子在面对既喜悦又有些担心或恐惧的情绪时，往往会显得不知所措。

小学五年级的恩智参加了夏令营，那是为期四天三夜的野营活动，目的是培养孩子的领导能力。当然，这个提案是由父母提出来的，因为家长希望孩子能通过参加这次集训活动，改变她过去消极的性格。虽然父母对这次活动充满了期待，但他们并没有强迫孩子参加，好在恩智对这次活动也表现出极大的兴趣，欣然同意前往。

可就在出发前一天，担心的事情还是发生了。恩智突然哭着说不想去夏令营了。通常这个时候家长可能会说："到底因为什么不肯去了呢？其实夏令营很好玩啊，真搞不懂有什么可哭的。"孩子听到这些话，肯定会更沮丧和畏缩。大家都觉得这事挺好，唯独自己会觉得害怕和不安，难道是自己不正常、不对劲？自己真是个胆小鬼吗？

其实夏令营并不只有快乐无忧，孩子一方面对夏令营充满了好奇心，按捺不住兴奋的心情；但另一方面也会有隐隐的不安和担忧。这是非常自然的，家长应该认同孩子表现出的这种复合型情绪。

孩子在遭遇类似这种复合型情绪时，很难准确地分辨和正视它。如果这时家长能帮孩子梳理一下，会有非常好的效果。"妈妈能感觉

到恩智对夏令营充满了好奇、激动，但也有些担心呢。”“妈妈第一次参加数学夏令营时，也是既高兴又害怕的。”孩子听了就会松一口气，心里的石头也放下来了，对自己产生的复杂多样的情绪也会觉得很正常，没什么可奇怪的。

◉ 每当情绪共享时，请做最真诚的父母

和孩子进行情绪共享时，应该站在孩子的角度，真诚地尝试感同身受。遗憾的是，我经常听到家长对孩子的情绪抱着半认真半玩笑的态度，说：“孩子太可爱了，就连生气和哭的样子都那么可爱……”

小著的妈妈结婚比较晚，由于一直孕子不顺利，结婚三年才生下小著，那时她已经 38 岁了。期盼已久的孩子终于来临，她沉浸在无与伦比的幸福和快乐中，仿佛拥有了全世界一样，过着如梦如幻的每一天。也许是这个孩子来得太不容易了，她觉得孩子的一举一动、一颦一笑都那么让人怜爱。

小著的胃口极好，尤其喜欢吃冰激凌，如果不加控制，一天吃七八个都不在话下。不过每次吃得太多，孩子就会闹肚子。所以，小著的妈妈不敢任他吃，便把冰激凌藏起来，尽量不给他，但是孩子会在每次勾起馋虫时对妈妈软磨硬泡。

“妈妈，妈妈，给我冰激凌吃吧，好不好？”孩子伸着花骨朵似的小手，可怜巴巴地央求妈妈“给他个冰激凌吃”。在妈妈的眼中，小家伙实在是既可怜又可爱。其实孩子自己也知道，吃过冰激凌免不了闹肚子，但毕竟是小孩子，抵御不住美食的诱惑，于是屁颠屁

颠跟在妈妈屁股后面，央求着再给他吃一根。妈妈看在眼里，忍不住偷偷地笑，心想孩子怎么这么惹人怜爱呢。小著在这样恳求了半天，也没得到妈妈的“网开一面”时，终于忍不住爆发了，轻则气呼呼地发脾气，重则大哭大闹一场。

“哎哟，小著著，妈妈不给你冰激凌，瞧把你难过的。”

尽管妈妈的话语里充满了对孩子糟糕心情的同情，但想到孩子为了争取美食动真格的样子，妈妈心里又忍不住充满笑意。于是，她的表情里就会情不自禁地流露出想笑又不敢笑的神情。相比孩子的情绪本身，家长的主观态度早已把其他都掩盖了。

不仅是小著的妈妈，许多家长在面对孩子的情绪时，都有些“玩笑”的嫌疑。虽然嘴上说“我的美兰看起来很生气呀”“哎哟哟，我的英浩好像很伤心呢”，但是他们并没有在内心里真诚而认真地对待孩子的情绪。简单地说，就是家长根本没把孩子的情绪当回事，心想：“小毛孩，就算发脾气能有多大脾气。”“蒜瓣大小的孩子，懂什么悲伤、难过呀！”

为何不站在孩子的角度，去看待孩子的内心情绪呢？在大人的眼里，孩子因为吃不到香甜的冰激凌而生气的情绪，的确不算什么大事，但在孩子的立场却不是如此。孩子的感受一点也不亚于大人，他们会从家长的玩笑表情中感到被深信不疑的人背叛时的愤怒和绝望。试想孩子深陷极度糟糕的情绪之中，而家长却一副挖苦和逗乐的态度，嘴上还说“你生气了”这些“不严肃，假关怀”的话，表现出表里不一的态度，只会让孩子困惑不堪，导致无法认清自己的情绪，错过正确认识和面对自我情绪的学习机会。

不管任何时候，一旦采用情绪管理训练，就一定要真挚地对待孩子的情绪。光嘴上表示认同，孩子是不可能被你打动的。这需要家长做足功课，真诚地挖掘和接纳孩子内心的真实情绪。

◉一句“为什么”，掐断情绪共享

孩子哭着从幼儿园回来，看看家长会做出哪些反应吧。早晨上学时还跟小太阳一样灿烂的孩子，晚上是怎么了，哭哭啼啼的？心急之下，妈妈会立刻拽着孩子问个不停：“民秀啊，告诉妈妈为什么哭了？”

妈妈当然是出于担心才这样问的，但孩子听到“为什么”三个字时，一时却不知该如何回答是好。“为什么”这一提问方式，是需要认知思考后才能回答的问题，而认知思考属于前额叶的任务。我们说过，平均在 27～28 岁时，额叶才能发育完全。所以，一个幼儿园的小宝宝，不可能逻辑清晰地说明自己哭泣的原因。

“今天在幼儿园，有个力气比我大的孩子总是欺负我，我就告诉老师，但是老师不但没有教训那个孩子，还告诉我要和大家友好地玩耍。我觉得很委屈、很伤心，也很烦，所以我才会哭。”

一个上幼儿园的孩子是不可能这样解释的。想要做出如此逻辑缜密的回答，恐怕要等 10～20 年。孩子的情绪必须用情绪来解读。孩子哭时，要对他说：“你看来很伤心……”仅这一句，孩子就会因为妈妈关注且理解自己的情绪而点头默认。

如果不太确定孩子的情绪，也可以这样问：“你的心情怎么样？”由于这是针对心情的提问，孩子可以回答“有些生气”“朋友很讨厌”或“伤心难过”等。当孩子讲出自己的情绪时，如果大人能及时回应，“一定很讨厌”“是挺让人上火的”，那孩子就会觉得父母是站在自己这边的，他们就能渐渐敞开心扉，仿佛得到了千军万马的支持一样，心里会踏实许多。相反，如果家长不能认同孩子的情绪，孩子就会觉得自己被轻视和被他人讨厌，于是逐渐变得自卑或不自信起来。

◉用“是什么”或“怎么了”代替“为什么”

想要解读孩子的情绪并开导孩子，就要知道情绪产生的原因。只有知道孩子为什么哭、为什么生气、为什么烦恼，才能和孩子共同寻找解决情绪问题的方法。但是前面提到了，“为什么”是一个需要理智思考的提问，应该尽量避免。那么，还有没有其他可行的方法呢？

如果用“是什么”或“怎么了”来与孩子对话，就会好办多了。从没有接触过情绪管理训练的家长，可能对这些措辞的差别没有深刻的体会。但是在情绪管理训练的实践过程中，就能切身体会到，哪怕是一个词的差异，都有可能让孩子敞开心扉或紧闭心门。

一起看看下面的例子，在这里就是用“是什么”代替“为什么”，从而使情绪管理训练获得成功的。

雄仁上小学二年级，这一天放学后，他一进门便开始抱怨学校留的作业太多而发脾气。进屋后，他把鞋子乱丢在一边，摔门躲进自己屋里，脸上写满了烦躁和不满。如果问他“为什么”，恐怕对话就会按下面的模式发展。

妈妈：雄仁，怎么一进屋就踢门、摔鞋，告诉我为什么。

雄仁：哎呀，烦死了。

妈妈：烦什么烦？快告诉妈妈为什么会这样？

雄仁：哎呀，别问了，人家都烦死了。

妈妈：怎么这样对妈妈说话呢？你以为你上个学就成了大人物了？你以为就你累，爸妈都很清闲是不是？

雄仁：好了，别说了！（摔门出去）

妈妈：你给我站住！好好关门！发什么脾气？什么事都依着你，如今真是反了……

（以下略）

现在，让我们用“是什么”或“怎么了”代替“为什么”，试试刚才的对话。

妈妈：（首先对孩子的情绪表示认同）看来你心情不太好。

雄仁：是的妈妈，烦死了。

妈妈：哦，看得出你心里很烦，不是学校出了什么事吧？是什么让你这么心烦呢？

雄仁：今天的作业多得离谱。

妈妈：哦，你们老师留的作业太多了，是吧？

雄仁：那么多的作业，我可真不想做。

妈妈：作业太多了，所以没心情做是吗？

雄仁：嗯。

妈妈：我看看老师都留了哪些作业？

雄仁：语文阅读抄写两页，数学题要做三页。

妈妈：嗯，确实比平时留得多。你们老师怎么会留这么多作业呢？

雄仁：下周就要期中考试了，所以给我们多留一些作业，好复习一下。

妈妈：你们下周就要期中考试了？难怪老师留了这么多作业。

雄仁：嗯。

妈妈：你是不是觉得学习太累了？

雄仁：学习倒不怎么累，就是作业多得不想写。

妈妈：写作业怎么累了？跟妈妈讲讲。

雄仁：字写多了手就会很疼，而且都是写过的东西，太枯燥了。

（以下第四与第五阶段省略）

雄仁的妈妈很注意与孩子对话的方式，一直用“是什么”“怎么了”代替“为什么”，于是雄仁能心平气和地说出自己的烦恼。正如上面对话所示，当被问“为什么烦”而不是“是什么让你心烦”时，孩子就会一时不知如何回答。因为对于“为什么”这种提问，必须用理性思考的语言来说明，而这对孩子来说是很困难的。所以孩子会在不知不觉中脱口而出“不知道”，并且表现得更烦躁。避免说“为什么不愿意写作业”，试着用“写作业怎么累了？跟我讲讲”这样的句式。这些话在大人看来可能没有太大的差异，但是对于孩子来说却有天壤之别，希望家长在这方面多加注意。

“为什么”这种提问方式适用于询问大学教授或研究人员。当抱着理性的好奇心和关心去钻研时，“为什么”是非常有效的方法。但这句话放在情绪领域中，就会事与愿违，无法和对方达成信任感和纽带感。当然，第一次做情绪管理训练时，使用这种说话方式会有些陌生和别扭，但只要有意识地用“怎么了”代替“为什么”，总有一天就会像水到渠成一样，变得非常自然和熟悉。

◉ 重复孩子的话语，让你更容易亲近孩子

尽管家长会百般努力接纳孩子的情绪，但在很多时候，孩子并不能感受到大人的这番苦心。如果想让情绪管理训练有效进行，家长应该和孩子一条心。如果家长不能完全理解和认同孩子的情绪，那只会让孩子有更大的心理压力。

有一个办法可以帮助家长准确解读和理解孩子的情绪，就是“镜像式反应法”。当孩子叙述自己的情绪时，家长跟着孩子重复即可。“啊，很生气”“嗯，心情既糟糕又沮丧”……类似这样重复孩子的话时，孩子会觉得自己的情绪被他人认同了，于是渐渐安心。

这种镜像式反应法还有一个好处，那就是我们可以通过它来确认自己对于孩子的情绪和事情的经过是否准确了解。孩子莫名其妙地发脾气，如果大人用镜像式反应法说：“哦，原来是生气了，是小伙伴惹人讨厌吗？”此时孩子就会纠正道：“才不是呢，不是小伙伴的问题，我只是有些生气而已。”

通常我们会认为，在情绪激动时很难对自我情绪有准确的认识，但是通过情绪认同，等孩子敞开心扉时，孩子就会既不夸张也不缩

小，而是如实地表达自己的情绪。这也是镜像式反应法难能可贵的一点。

自习课上，孩子们本应安静地自习，但是这些小学一年级的男生因为座位被别人“侵占”而争执起来。其中一个孩子显得尤为激动，于是老师单独把他叫了过来，开始情绪管理训练。

老师：尚秀，老师觉得现在的你情绪有些激动，可以告诉我是怎么回事吗？

尚秀：（点点头）是……（有些哽咽）我本来好好地写作业，但是勋儿的本子和橡皮过了线，放在我桌上了。

老师：哦，是这样啊。尚秀学得好好的，是勋儿的书和橡皮闯到你这边来了，所以你生气了是吗？

尚秀：是的。还有，勋儿总是用胳膊撞我，妨碍我学习。

老师：哦？原来是这样？勋儿还总撞你。我看看（查看孩子的手臂），这得多疼啊，好像有些红肿呢……（轻抚孩子手臂）你一定很疼吧？

尚秀：嗯，非常疼。我都不想学习了。

老师：是啊。胳膊疼，肯定没心思学习了。老师学习的时候要是有人在旁边妨碍，也会很烦、很生气的。

尚秀：是很烦。

老师：嗯。的确很让人心烦。不过尚秀啊，老师可以问你一个问题吗？

尚秀：好。

老师：尚秀在学习时，勋儿是不是每天都妨碍你呢？

尚秀：嗯……（声音变小）也不是。

老师：哦，不是天天妨碍你，是吗？

尚秀：是的。不过我一学习，他就妨碍我。

老师：哦，每次一学习就干扰你是吗？这真让人心烦。不过尚秀啊，老师有一件事有点好奇，可不可以问你呢？

尚秀：可以。

老师：那勋儿学习时，尚秀有没有对勋儿做过什么呢？可以告诉我吗？

尚秀：我用脚踢了他。

老师：尚秀踢了他！那踢完之后觉得怎么样呢？

尚秀：觉得很痛快！

老师：哦，真的吗？（看着尚秀的眼睛）

尚秀：是的。有一点痛快，但也有一点郁闷。

老师：哦。尚秀踢过勋儿之后，实际上并不开心是吧？

尚秀：是的。心情有些怪怪的。

孩子在确定对方读懂了自己且站在自己这一边时，就会表现得更真诚、率直，于是能够坦言，其实同桌并不是天天妨碍自己，而自己踢过同桌后，在痛快的同时，又会感到有点郁闷。

镜像式反应法，是和孩子感同身受的有效途径。然而，情绪管理训练中如果一直使用镜像式反应法，孩子可能会产生反感，说：“干吗总学我说话？”情绪上并不能充分同情孩子，只是一味地鹦鹉

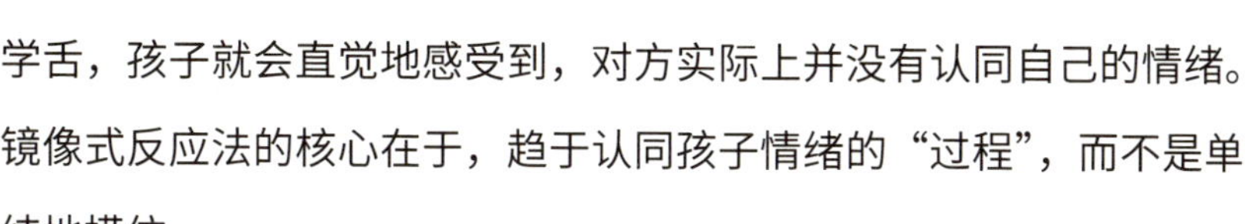

学舌，孩子就会直觉地感受到，对方实际上并没有认同自己的情绪。镜像式反应法的核心在于，趋于认同孩子情绪的“过程”，而不是单纯地模仿。

◉ 当你愿意和孩子共同分享情绪时，孩子自然会亲近你

一旦进行到情绪管理训练的第三阶段，真诚地接纳与理解孩子的情绪，即使没有进入第四阶段和第五阶段，我们也会发现孩子身上发生了巨大的变化。

有一位即将退休的小学校长谈起他的教学经验，他说小学生无论是男生还是女生，都有一股疯劲儿，像匹小马驹一样，任你再三提醒，还是喜欢疯疯癫癫、你追我赶地跑着玩。接触情绪管理训练之前，这位校长着实为管教这些小淘气鬼费了一番苦心。他时而轻柔细语，时而冲下楼梯对孩子训斥“右侧通行懂不懂”，但回过头一看，孩子依然如故，又哗啦啦地跑开了。这样“针锋相对”了几十年，差不多天天要训孩子们一番。如今一看到这些孩子，校长就要头痛欲裂了。

不久之前，这位校长了解到了情绪管理训练，深有感触，于是换了一种方法来对待这些孩子。有一天，一个三年级的男孩怒气腾腾地跑下楼梯。校长先生并没有像往常那样加以训斥，而是问他：“看起来你很生气啊！”那个男生羞愧地回了一声“是的”，便悄悄进了教室。孩子因为某件事情正在气头上，但是他很意外，一向如老虎般凶神恶煞的校长竟然关切地询问自己的心情，这足以让孩子的气恼化为乌有。

从此之后，校长先生几乎发生了 180°的转变，向来威严无比的校长变成了和蔼可亲的邻居爷爷。孩子们看到校长慈祥的样子，也开始喜欢上他，这让这位老教育者更加热爱自己的事业，每天去学校也成了一件快乐无比的事情。

不仅是这位校长，其实很多人在亲身体验过情绪管理训练之后，都因它的效果而惊讶不已。千般教训，百般责备，不如对孩子说一句关切的话语有效。这就是情绪管理训练的力量。

情绪管理训练的第四阶段：帮助孩子表达情绪

情绪有很多种色彩，孩子自己无法明确分辨出这些纷繁多样的情绪色彩。同样是生气得不得了，但有时是因为自己不如别的小朋友而生气，有时是因为自己非常自信的事情没做好而生气。如果说第一种情况是出于自卑，那第二种情况就是出于自负或好胜心。若将两种情况按照同样的方法对待，那孩子的情绪肯定无法彻底平复，总会有些不舒服的感觉。

如果不能明确情绪的色彩，也就无法彻底让心情得以宁静。因而，家长有必要明确告诉孩子当前的情绪色彩，这就是情绪管理训练的第四阶段。

◉ 为情绪贴上姓名标签

感受情绪是“右脑”的功能。当右脑有所感受并发出某种信号时，左脑就会接收信号，并准备应对方案。不过，如果情绪没有明确的“名字”，左脑便很难搞清楚右脑发出的信号，最终因无法准确判断来自右脑的信号，而无法做出相应的反应。若要消除这种混乱，就应该为情绪贴上姓名标签。如果抽象的情绪有了专属的姓名标签，接收起来就会方便许多。

戈特曼博士曾把给情绪贴上姓名标签的形式比喻成“为情绪之门安装把手”，这个“把手”可以将右脑感受到的情绪，与具有语言处理功能的左脑联系在一起。要知道，没有把手的门很难开启或关闭，想离开房间，却没有门把手，很难打开房门走出去；有了把手，这扇门才能开闭自如。

情绪也是如此。孩子急切地希望通过合适的方法来平息内心的起伏，寻求安宁。但如果无法表述自己的情绪，就很难获得相应的解决方案。因此，为情绪贴上姓名标签显得非常重要，好比是给门安上一把合适的把手一样。为情绪贴上姓名标签后，当孩子遇到情绪变化时，他们便很容易判断自己经历的是何种形式的情绪，应采取什么样的方式来对待。而且将来再遇到类似的情况、类似的情绪波动时，他们就会想到“啊，这时可以这样处理”，并立刻找出相应的方法。这样的孩子，今后无论遇到什么样的情绪变化，都能明智地应对。

◉帮助孩子自己表达情绪

在孩子尚不清楚自己的情绪是什么色彩时，家长可以代替孩子为情绪贴上姓名标签，但最好尽可能地帮助孩子，让他自己找出表达情绪的合适词汇。进行情绪管理训练时，问孩子“现在心情怎么样”，孩子会在能力所及的范围内想出合适的词汇来表达情绪。如

此，将孩子表达的情绪像一颗颗珍珠般串起，有利于帮助孩子整理情绪。

请看下面的例子。承远和民奎两个小朋友吃完晚饭后一起做功课，承远打开了电脑，想给 MP3 充电，这时民奎突然拔掉了电源，承远非常生气，动手打了民奎，于是两个孩子抱在一起扭打起来。

妈妈：承远，怎么哭了？发生了什么事情，告诉妈妈，好吗？

承远：（哭着说）民奎突然把电源给拔掉了。

妈妈：哦，原来是因为突然关了电脑，所以承远生气了。

承远：是，他连问都没问一声，就把电脑关了。

妈妈：是吗？因为他没有问你一声，自己随便关了电脑，让你生气了呀，现在心情怎么样呢？

承远：我觉得他瞧不起我，所以很生气、难过又伤心。

妈妈：你想为 MP3 充电，可民奎却把电脑关掉，让你觉得他瞧不起你，所以心里很生气、难过又伤心，对吗？

承远：是的，妈妈。

妈妈：那你想想。民奎今天为什么连问都不问你就把电脑电源给拔了呢？

承远：妈妈说做功课时，不要打开电视或电脑，要专心学习，可能是我把电脑打开吵到他了，所以……

妈妈：民奎那么做时，承远是怎么做的呢？

承远：我太生气了，所以打了民奎，结果他也打我一拳，我们就打起来了。

妈妈：你打民奎时，心情怎么样呢？

承远：很生气，心情很糟糕，也有些害怕。

妈妈：好了，原来你是想为MP3充电，可是民奎却把电脑关掉，让你觉得他瞧不起你，所以心里很生气、难过又伤心了。而民奎呢，因为做功课时，承远打开了电脑，他想起妈妈的嘱咐，所以拔了电源。你们俩就因为这打起来了。承远在打民奎时，心里很生气，心情很糟糕，也有些害怕。

承远：是的，妈妈。

如果家长像这样将孩子叙述的情况与他当时的感受联系在一起，并整理出来，孩子知道家长理解了自己当时的感受，就能更客观地回顾自己是如何表达当时的情绪的。

当孩子以自己的语言来表达情绪时，其效果是不可估量的。再出色的主妇，想在别人家的厨房中充分发挥自己的实力，也并非易事。因为搞不清楚盘子放在哪里，煎锅放在哪里，各种调料放在哪里，掌握不好火力大小等，找来找去会浪费很多时间。若在自己的家中，就可以将出色的厨艺发挥得淋漓尽致，做起料理来得心应手，因为所有用具及功能，她都非常清楚，可以灵活掌握。

孩子也是如此，若用自己的语言来表达情绪，会更容易、快捷且准确，因此，家长应尽可能地帮助孩子，让他们自己表达情绪。

情绪管理训练的第五阶段：让孩子独立解决问题

解读和认同孩子的情绪，再给情绪贴上相应的姓名标签，那下一步，就要着手解决问题了。通过情绪管理训练，我们最终能针对孩子所经历的情绪情境，寻找出灵活且明智的解决方法。无论是情绪管理训练的第四阶段还是第五阶段，如果第三阶段没有做到位，那就无法顺利进入下一个阶段。而第五阶段属于解决问题的环节，如果第五阶段进展不顺利，那就不要硬来，而应果断地返回第三阶段，踏踏实实地把该阶段的情绪认同工作做好。

第五阶段大致可以分为五个步骤：①划定界限；②确认目标；③寻找解决方案；④检验解决方案；⑤协助孩子，使其自主选择解决问题的方法。这个过程看似复杂，但实际操作起来，就会发现它如水到渠成般自然。

在这个过程中，由于家长迫不及待地想要帮助孩子选择捷径，因此会在不知不觉中将大人的思维和判断强加给孩子，这种失误是比较常见的。我们要时刻牢记，无论什么时候，解决问题的主体不是我们，而是孩子自己。

◉ 先情绪共享，再给孩子的行为划定界限

我们提倡包容孩子的所有情绪，但并不意味着要包容孩子的所有行为。孩子因为弟弟把自己辛苦摆好的积木弄翻了，所以感到伤心又生气，对于这种情绪，家长应给予足够的认同。但是孩子因此就对弟弟拳打脚踢，掐弟弟，折磨弟弟，这种行为是不能被允许的。如果孩子对妈妈只顾着弟弟而冷落自己充满了愤怒和嫉妒，因而对妈妈破口大骂，家长此时也应明确指出这种行为是错误的。

在给孩子的行为划定界限时，要注意针对的是孩子的错误行为，而不能针对孩子此刻的情绪。为了能把握好这一点，家长应该先对孩子的情绪表示认同，再针对其行为进行指点。

“弟弟把你辛苦搭好的积木弄翻了，的确让人生气。如果是妈妈，肯定也会生气的。不过生气归生气，不能因为这样就打弟弟啊。有没有其他更好的办法呢？”

“妈妈只陪弟弟玩，所以你会生气，感到嫉妒，妈妈能理解。其实妈妈小时候也和你一样，因为姥姥只喜欢姨妈，妈妈当然很嫉妒了。不过用那么难听的话来骂妈妈是不对的。看看除了骂人，还有没有别的办法可以表达你的心情呢？”

如果大人能先对孩子的情绪表示认同，再针对其行为加以指正，那孩子就不会产生反感，并能够客观认识到自己行为的不妥。如果不接纳孩子的情绪，劈头盖脸地训斥孩子，孩子就会弄不清到底是

因为自己的行为错了，还是自己的情绪错了，这种困惑只能给孩子带来更大的伤害。

对于孩子的行为要如何划定界限呢？我在这里介绍两个简单的原则，让孩子既容易理解，也可以应用于多种情境中。简而言之，对他人造成伤害或对自己构成伤害的行为，就应该划定界限严厉制止。

只是，如果界限划定得过于具体，恐怕任何人操作起来都会有困难。试想，如果要求孩子们在教室里不许吵闹，在走廊里踮起脚尖静悄悄地走路，午饭时间也要安安静静地坐在自己的位置上吃饭……如果对他们的一举一动都加以限制，孩子不仅记不住，也会对遵守这些规定“望而生畏”从而失去信心。

不必那么复杂，只要跟孩子讲明不能做对自己和他人有害的行为，孩子就能清楚地分辨出哪些行为可行，哪些不可行。例如，“打弟弟是不对的”“骂妈妈是不对的”……用这些典型而又简单的规定来划定界限即可。当然，也非常有必要向孩子申明学校和家里的最低标准和界限。例如，“在我们家（学校），大家应彼此尊重，不能使用暴力”，让孩子意识到，除了打和骂，还有许多方式可以用来表达自己的情绪。孩子在遇到问题时，能够从众多方法中选择和自己年龄相仿、适合当时情境的合理方案就可以了。

◉ 确认孩子想要的目标

弟弟把积木给弄翻了，大孩子很生气。妈妈问道：“你可能很生气，那你打算怎么办呢？”孩子可能会冒出各种答案：“把弟弟扔掉算了。”“妈妈你去打弟弟一顿，教训教训他吧！”“我希望弟弟再也不要弄坏我的积木了。”这时首先要给大孩子明确划定行为界限，告诉他打弟弟或把弟弟扔掉都是不对的，然后再从余下的答案中选择孩子的目标范围。而在这个例子中，“我希望弟弟再也不要弄坏我的积木了”就成了孩子的可行目标。

类似这样，让孩子明白自己到底想要怎样的预期效果，这一点非常重要。唯有知道自己想要什么，才有可能为了这个目标而做出相应的努力。如果搞不清楚这一点，只是一味地压抑和否定自己的情绪，那就不可能解决实际问题。

一起看一下时宇的例子。在游乐园里，一群孩子在玩云梯游戏，游戏刚结束，时宇便哭了起来。妈妈抱住大哭的时宇，轻轻拍打他的肩膀，不一会儿，孩子的哭声渐渐小了。

妈妈：告诉妈妈你怎么哭了。

时宇：我想赢巧克力棒，所以很卖力地比赛……

妈妈：孩子，可以说得具体一些吗？

时宇：那边的阿姨说，过云梯游戏中谁表现得最棒，就给谁巧克力棒。我也想要，所以很努力，但是只拿了第二名，所以巧克力棒没有我的份。

妈妈：哦，原来是这样。

时宇：嗯。

妈妈：所以你才会感到心情不好？

时宇：是。心情很糟糕，我才第二。

妈妈：哦，原来是因为只拿了第二，才会又伤心又难过，哭了起来。

时宇：不是的。不是因为第二，是因为拿不到巧克力棒。

妈妈：嗯，妈妈知道你非常喜欢巧克力棒。

时宇：是啊。很好吃。特别是有巧克力的部分，吃起来很开心。

妈妈：那时宇有没有别的办法，不让自己难过，也可以不哭呢？

时宇：嗯……要不妈妈，等你给我买零食时，也给我买个巧克力棒吧，行吗？

看来，时宇的目标是吃到巧克力棒。我们明确了他的目标之后，只要能寻找到一个可以吃到巧克力棒的方法就可以了。

但是，也不是什么事情都有解决的办法。例如，很要好的朋友搬到别的城市了或疼爱无比的宠物死掉了，孩子当然希望好朋友能再搬回来，希望宠物能重新活蹦乱跳，但这是不可能的。这时，让孩子悲伤的心情能获得安慰，可能就是最高目标了。当然，也可以更积极一些，想出一个能和搬走的朋友保持联系和见面的方法，也可以想出一个把死去的宠物珍藏在记忆中的方法，这些同样可以满足孩子所要达到的目标。

◉ 寻找解决方案

接下来，我们就要和孩子一同寻找解决问题的方法了。通常，孩子都是根据自己的理解来寻找解决方法的。大人的脑子里也许会闪过更好的解决方法，因此忍不住想要介入，但还是不要鲁莽地急于提醒孩子。家长可以耐心一些，先提一些建设性的问题，让孩子试着自行寻找出多种解决方案。这样，孩子才会积极思考解决方法，努力想办法，当他有好的点子浮现时，会因为这是自己的努力所得而产生成就感。不仅如此，他还会变得跃跃欲试，体会到内心的满足感。

维珍上小学五年级了。和朋友玩游戏时，他因为对方总是耍赖而伤透脑筋。如果是公平竞争，他完全有信心赢得比赛，问题是这个朋友每次都要用些计谋骗术，维珍实在忍无可忍，真的生气了，再也不愿意跟这个朋友一起玩游戏了，也不愿意见到他，因此沉浸在苦恼之中。

首先，还是要对孩子的情绪进行充分的解读和分析，然后就可以问问孩子的想法。

“那有没有别的办法，可以不生气，开心地做游戏呢？”

“只要不和他玩就没问题。”

孩子会从自己的思维高度出发，讲出自己的想法。如果是五六年级的小学生，答案会更多样，但对于一个不满十岁的孩子，他们一次只能想出一个解决方案，或者因为想不出合理的解决方案而感到难堪，这时家长可以提供两三个方案。

通过有效的情绪管理训练，一旦孩子和家长的纽带感增强了，孩子就笃信爸爸妈妈会站在自己这一边，为自己着想，于是就愿意遵从父母的提议了。继续看看维珍的例子。

妈妈：你真的打算不和他玩了？

维珍：这个嘛，如果我感到无聊孤单了，到时候再一起玩游戏吧。

妈妈：觉得无聊了，就忘记今天的不愉快，又和他一起玩。那我问你，如果对方还是耍赖，到时候你可能又要生气、上火……有没有其他更好的办法呢？

维珍：嗯……这个，我不知道。

妈妈：那妈妈提个建议行吗？当然，我说的也不一定对。只是个建议而已。（提示：妈妈的提议并不是标准答案，只是给孩子提供一个思考的余地和可能性）

维珍：好。妈妈有什么好主意，告诉我吧！

妈妈：不妨给你的朋友写封信来表达你的心情吧？

维珍：写信？怎么写啊？

妈妈：嗯。怎么写才能传达维珍的心思呢？（提示：面对孩子"怎么写"的提问，妈妈可能会忍不住立刻告诉他答案，但是要反问"怎么写"，让孩子有一个独立思考的机会，这才是正确的方法）

维珍："亲爱的朋友，我希望我们俩能快乐地游戏，度过快乐的时光。我也希望你以后不要在游戏时耍赖了。"这样写行吗？

妈妈：这样写真不错。妈妈也很好奇呀，维珍的这封信给朋友看后，他会是什么反应呢？到时候记得告诉妈妈，好吗？

维珍：好。

向孩子提出"有没有别的办法"或"有没有更好的办法"这种问题，让孩子有充分的时间独立思考解决问题的方法。而且，孩子说出的每个解决方法，家长都不应表现得漫不经心。每当孩子向你述说他想到的解决方法时，你都应给予适当的回应："嗯，这个主意真不错。""哦，原来还有这样的办法啊。"就算孩子说出的答案有些离谱，没有太大的可行性或不是最佳解决方案，也应该真诚倾听，并记录到解决目录里。

◉ 检验解决方案

如果孩子已经想好了各种解决方法，那下一步就要对这些方案进行检验了。虽说孩子想出的每个解决方案都有意义，但不可能把所有方案都付诸行动。为了选出一个最佳方案，就必须逐一讨论每个方案并进行评估。这时要充分启发孩子独立解决问题的能力："不知道这个方法能不能成功？没问题吧？你觉得这个方法可行吗？"用这类提问方式，刺激孩子全面考虑解决方案的成功概率、实践的可行性及效果等，给孩子一个重新审视自己提出的解决方案的机会。

◉ 帮助孩子自己选择解决问题的方案

对孩子列出的各种解决方案，家长可以提出自己的建议，也可以把自己在类似情境中解决问题的经验讲给孩子听，但最终如何选择，就是孩子自己的事情了。生活中，有许多实例证明，所谓的"问题孩子"或"惹事鬼"，他们想出的解决方案远比大人们了解的要智慧和出色得多。有时，三四岁的幼儿，当他们在情绪受到安慰、心情平静时，也能清晰地了解选择哪种解决方案才是最佳的。而大人由于不了解这些，常常低估了孩子，认为孩子无法自己做出正确的选择，便试图代替孩子来做判断。

如果不相信孩子，情绪管理训练就注定会失败。举一个例子，是保育员黄美礼（化名，37 岁）在育儿中心进行无数次情绪管理训练后所得出的经验。这位老师同时教 5 ～ 7 岁的八个孩子，中途有个孩子插班进来，是个被诊断为注意力缺陷多动障碍的孩子。这个孩子一直接受药物治疗、美术治疗与认知治疗，孩子显得特别爱发脾气，遇到一点小事就动不动会大哭一场。

最初，黄老师面对这个孩子时显得很无奈和疲惫，怎么会把这个孩子安排在自己班里？每当她把自己所学的情绪管理训练应用在孩子身上时，其他孩子都能做出很好的回应，唯独这个孩子，任黄老师怎么努力，也不肯打开心扉。黄老师认真反省过，为什么情绪管理训练唯独对这个孩子不奏效呢？经过认真琢磨，黄老师终于醒悟，问题不在孩子身上，而在于她自己。因为尽管她不曾流露，但心里某个角落中，“你是个问题孩子”的想法一直挥之不去。

当黄老师接纳孩子、信任孩子后，孩子开始一点点有了改变，也愿意敞开心扉走近老师了。有一天老师给孩子们分糖吃，孩子接到糖后说了声“谢谢老师”，并且说：“我们班小伙伴和大哥哥加起来一共有八个，可不可以给我八块糖？”一直以来只顾着抢别人玩具、折磨小朋友的他，通过情绪管理训练，变成了懂得关心他人的孩子。正因为孩子信任老师，能够准确表达自己的内心愿望，才让这种改变成为可能。据说，当时保育中心的所有老师都再次对情绪管理训练的神奇力量赞不绝口。

如果希望孩子能够自己选择解决方案，最重要的一点，就是要充分信任孩子。如果家长不够信任孩子，那孩子在选择解决方案时，也会观察大人的眼色，最终放弃独自选择的能力。

即使孩子没有做出最佳选择也没关系，成长的路上，这样的失误都是必要的。就算孩子自己选择的方案没有多大效果，能让他亲自尝试一下，亲自检验结果，也是不错的方法。因为当首选方案效果不理想时，孩子还可以尝试其他方案。通过这样的过程，孩子就会认识到，即使解决方案没效果，也没必要失望，可以再做其他尝试，而且解决问题不止一种方法，可以有多种方法。

◉ 有时，情绪管理训练也应该回避一下

前面讲到，要抓住孩子情绪苗头出现的瞬间进行情绪管理训练。但这并不意味着不分时间和场地，任何时候都适合开展情绪管理训练。以下情形就是例外。

当他人在场时

当着婆婆的面，要不要对耍脾气的孩子进行情绪管理训练呢？答案是“不行”。如果一定要做，就要把孩子领到没人的房间单独进行，也可以领孩子到附近的公园，营造只有两个人在场的环境。想要情绪管理训练有效，家长和孩子都要敞开心扉，真诚对话才行。但是一旦别人在场，有其他听众时，孩子就会在潜意识里注意到这些听众，从而很难达到与大人之间的真正沟通。

孩子和妈妈单独在一起时很乖、很听话，情绪也很稳定，一旦有别人在场，他就会耍脾气，不讲道理。例如，平时在家里不怎么吃饼干的孩子，一到了爷爷奶奶家，就哭着嚷着一定要吃饼干。“吃

饼干牙齿会坏，对身体也不好”，任大人怎么解释吃饼干的坏处都不奏效。孩子仗着自己的有利靠山——爷爷、奶奶，就铁了心要把自己的无理要求贯彻到底。

在学校也不例外。如果当着其他学生的面对某个学生进行情绪管理训练，那其他学生都成了看客，而老师和这个学生就会成为众人面前的演员。无论说什么话，他们都会在意别人的反应，于是大大降低了沟通的真诚性，很容易使之成为做给别人看的表演。类似地铁等公共场所，也是不利于进行情绪管理训练的地点。

赶时间时

对于双职工家庭来说，最大的难题，可能就是早晨和孩子分离的瞬间。孩子不愿意离开妈妈，哭得死去活来，而妈妈要丢下这样的孩子去上班，心情可想而知。面对情绪激动的孩子，妈妈会犹豫：是进行情绪管理训练，还是干脆不管他直接去上班？相比不管孩子逃跑似的去上班，解读孩子的情绪且同情孩子的处境，无疑是非常正确的做法。事实上，我们用情绪管理训练安抚哭闹的孩子，无须太长时间。通常短则五分钟，长则不超过十五分钟。

但由于大人要赶时间，有时这几分钟也很难抽出来。而且妈妈由于时间紧迫，心里焦急，这种情况下很难做好情绪管理训练。一旦进行情绪管理训练，大人就要专注于孩子，读懂孩子的内心，接纳孩子的情绪。如果脑子里“赶紧安抚好孩子就上班”的想法挥之不去，在这种情况下进行情绪管理训练，很可能会更加伤害孩子。所以，当你时间紧迫时，不建议进行情绪管理训练，除非你做好了宁可迟到 15 ～ 30 分钟的心理准备，否则就等下班后，有足够的时间了再进行。

孩子的安全第一时

近年来，针对儿童的性暴力犯罪率急剧上升，受害者的年龄也越来越小，甚至连幼儿园孩子也处在性暴力的危险之中。性暴力会导致非常严重的精神创伤，要尽可能做好相应的措施，让性侵害带给孩子的内心伤害最小化。

有个女生上了惯犯当，遭遇到性侵害。那天下课后，这个女学生和同学们站在一起，这时有个陌生男人走过来搭话。

“你好，我是这个学校毕业的，金哲珠老师还在学校任教吧？”

“是的。”

“哦，他是我上学时最喜欢的老师。今天我要给他送鲜花和蛋糕，本想亲自交给他的，不过现在没有时间，你能帮我转交给金老师吗？”

对方提议让女学生跟自己去蛋糕店取蛋糕，女生在毫无戒备的情况下跟了过去。

“这附近好像没什么好的蛋糕店。打车的话，大概五分钟就有个不错的蛋糕店，一起去吧！”

女学生这时犹豫了一下，不确定是否要跟着去，但看那个男人长的不像坏人，估计不会有什么事，于是就一起坐上了出租车。而坐到车上后，男人又换了一种说法：

"糟糕，我忘记带钱包了，还是先回趟家里吧！"

男人把女学生领到了自己租的房子里，掏出刀子威胁女学生，并强暴了她。幸好给这位女学生做心理辅导的是位优秀的心理咨询老师，让女生很快脱离了性侵犯的阴影。咨询师这样对女生说："遇到那样的事情并不是你的过错，这里对你来说是最安全的地方。"咨询师用许多温暖的话安抚了孩子，相比情绪管理训练，这时咨询师首先做的是告知女学生，她现在绝对安全。

咨询师了解到，女生的家庭不足以保障她的安全，征得孩子妈妈的同意后，她让孩子留下住了一晚。通常在遭受性暴力后，无论是当事人还是其家人，都会受到莫大的冲击，他们往往一时无法正确地处理事情，也难免会在情绪激动之下责备孩子："你这个傻瓜，为什么跟着坏人去！你这辈子算是完了！以后别想嫁人了！"这些残忍的话无疑会给孩子带来无法抚平的伤痛，好比是在三级烫伤的伤口上，再用没有消毒的手乱扒拉一样。此时孩子的伤口会多么钻心地痛，将来的伤疤会有多难以愈合，都是可想而知的。

所以，当孩子的安全受到威胁时，不应该急着做情绪管理训练，首要的任务是保护好孩子，稳定孩子的情绪。

如今，这位女学生已经能够战胜那次事件带来的打击，过着正常的学校生活了。孩子遭遇到类似性暴力等痛苦的事件时，需要在治疗最后的恢复阶段，帮她认识到所遭受痛苦的含义，让孩子认识到，这是一场不可避免的事故，绝不是孩子自身的问题。如果不讲明这一点，孩子很可能会沉浸在自责之中："为什么偏偏是我？我为什么会跟着那个人去呢？稍微留个心眼，就应该觉察到那个人的行为是异常的……”从而不断回想起当时的情景，不断地自责和痛苦，这样只能让伤痛给自己留下更长久的后遗症。

实施情绪管理训练的人处于极度激动状态时

当实施情绪管理训练的人处于嫉妒、气愤或激动状态时，应该避免进行情绪管理训练。读懂他人的心并不是一件简单的事情，自己处于兴奋状态时去解读他人的心，就更不容易了。我们会在不知不觉中，将自己的情绪传达给对方，那只能带来不利效果。在进行情绪管理训练之前，一定要让心情平静下来。如果自己一时难以平静，拜托他人代替你进行情绪管理训练也是可以的。

我在韩国推广情绪管理训练的第一站是首尔的一所小学，为那里的老师们做培训。后来，这所学校也专门安排了一位情绪管理训练教师，为她单独准备了一间工作室，时刻待命，在学生需要时立即对孩子进行情绪管理训练，以维持学校的正常教学秩序。因为在大多数情况下，任课老师面对课堂上闹哄哄的孩子，不具备开展情绪管理训练的心态（保持平静心理）和环境（避开他人单独进行）。虽然老师能意识到如果点名批评学生，学生肯定会产生情绪，没办法继续专心听讲，但是为了保证大多数学生能正常听讲，任课老师就不得不经常提醒那些调皮的孩子：

“李敏贞！你能不能消停点，闹什么闹！”

通常在老师这样提醒后，孩子会安静下来，偶尔也会有顶撞老师的学生，但那往往是因为学生感到委屈了。明明是同桌吵闹，老师却批评了自己、冤枉自己，或者自己本来一直安静听讲，只是因为同桌问话才说了一句，就被老师逮个正着。

“老师，不是我！”孩子委屈地抱怨一句。但在这时候，能有几个老师会真诚地回答：“哦，原来不是你啊？看来是老师弄错了，对不起！”老师也是凡人，也要维护面子。当孩子顶撞自己时，老师的第一个反应是孩子顶撞自己，让自己感到了羞辱，而判断事情的真相就变为了其次。相比判断事情的真相，他更在意的是被学生顶撞后受到羞辱的感觉，就算老师能把这种情绪掩饰得很好，但是在这种激动状态下绝不适合给他人做情绪管理训练。

如果这时把孩子带到咨询老师的办公室，让孩子接受情绪管理训练，就能将事情解决得很圆满。负责情绪管理训练的专业老师会耐心地倾听孩子的委屈和苦恼，表示对孩子情绪的接纳。孩子可能会讲到，老师好像只对自己有偏见，从学期一开始就不喜欢自己，刚才也是，明明是同桌吵闹，却冲她发火，让她特别伤心、难过，所以自己才会顶撞老师，但同时她也担心会惹恼老师，在同学面前也抬不起头来。

不加褒贬且耐心地听完孩子的述说后，孩子渐渐恢复了平静，不再那么激动，还主动向老师道歉，保证以后会好好听课。才过了15 分钟，孩子就像换了个人一样，乖乖回到教室，之后再也没有惹是生非。这个事例很好地说明了，通过与专业的情绪管理训练咨询师对话，孩子的内心获得了平静，并且通过自我努力，孩子独自寻找到了解决与老师之间矛盾的方法。

当孩子进行自虐或他虐等极端行为时

孩子的情绪调节能力很差，所以当他们表现出激烈情绪时，应该更细心且耐心地聆听并解读他们的情绪，不可以把情绪管理训练做得过犹不及。

八岁的民哲平时是个乖巧的孩子，但是一旦发起火来，就像变成了“绿巨人”一样极富攻击性。每当有人取笑他时，他就会变成“绿巨人”。这个年龄的孩子通常外号比较多，民哲最不能容忍伙伴们取笑他是“放屁精”。民哲的肠胃不好，屁比较多，自己也很讨厌这个毛病。所以，要是听到谁喊他“放屁精”，他就会拼了命地扑上去。

那天也不例外，一个同学又开始取笑他：“民哲是个放屁精，放屁精……”刚喊一两句，民哲便羞红了脸，示意伙伴不要再喊了，但是那个孩子不听，依然嬉皮笑脸。只见民哲像箭一样冲上去，狠狠地咬住对方的胳膊，好不容易把他们拉开时，对方的胳膊上已经出现了一圈鲜明的牙齿印。

民哲讨厌别人总喊他难听的外号，气不过，所以情绪激动，这些都是可以理解的。但是极端地咬对方的胳膊，伤害别人，这种行为绝对应当加以制止。这时首先要顾及的是两个孩子的安全，然后再考虑对其进行情绪管理训练。

家长急功近利时

有时候，家长也会有意利用情绪管理训练，让孩子按照自己的想法来行动。例如，孩子不喜欢弹钢琴或不想去培训学校时，家长为了让孩子乖乖地弹钢琴，于是哄孩子："俊英不喜欢弹钢琴是吗？"假装接纳孩子的情绪，但又说："但是，如果俊英不去钢琴班上课，老师想你了怎么办呢？"或者说："其实我家俊英弹钢琴弹得挺好的……"

尽管孩子年纪小，可是他们对于家长是真正愿意认同自己的情绪，还是佯装理解自己却另有所图是能分清楚的。家长不了解这些，一味地认为"小孩子能懂什么"，只顾按照自己的想法去引导孩子，很容易让孩子对家长丧失信任感。这样，孩子也会对家长的其他行为怀有戒备心理，怀疑家长是不是另有所图。这与情绪管理训练试图培养孩子自发而纯粹的自我成长目的相违背，只会增加孩子的故意欺瞒及不信任感。

情绪管理训练以真诚为前提，只有当你真正付诸努力去解读孩子的内心时，孩子才有可能敞开心扉，学会自己调节情绪。如果大人的诚意"偷工减料"，不够严肃地对待情绪管理训练，那孩子会对情绪管理训练产生排斥心理，并试图找借口回避。

当孩子伪装情绪时

小孩子有时也会伪装自己的情绪，而且其伪装程度足以蒙骗大人。不过对此，大人不要过度紧张，伪装情绪或说谎话，都是孩子成长过程中的自然表现。

当孩子表现出"伪情绪"时，就没必要对其进行情绪管理训练了。一旦大人被孩子的伪情绪蒙骗过去，认同那种情绪，孩子就会失去感受和体验真实情绪的机会。当孩子说谎或伪装情绪时，应该坚决给予回应，以免孩子形成习惯。

九岁的虎英说谎成了家常便饭。如果让他写作业，孩子答应得很干脆，进屋不到十分钟就会出来。问他“作业写完了吗”，虎英会大大方方地回答“写完了”，然后就要出去玩。家长不信，亲自检查，果不其然，作业根本就没写完。每次谎言被揭穿时，虎英都免不了被大人狠狠地教训一顿，这时孩子会一把鼻涕一把泪地苦苦哀求:“再也不敢了，我知道错了。”

由于孩子哭得很厉害，又可怜地央求，大人不仅会被他骗过去，甚至会心生爱怜，安慰道:“好了，不哭了，妈妈相信你，以后虎英一定不会再说谎了。”不过这样的事情重复了几次后，大人开始觉得孩子的眼泪并不可信了，如果孩子是真诚后悔，就不应该再撒谎，可问题是这样的谎言一天天多了起来。

看来孩子是说谎后不想挨骂，急于收拾残局，才会流下“鳄鱼的眼泪”。这时，家长就不应该进行情绪管理训练了，没必要对伪情绪给予认同。相反，应该让孩子知道，大人其实早已洞察他的情绪并不是真的，而是伪装出来的。

“我知道你是为了不挨骂才假装哭的，你这个样子让妈妈非常失望。你说谎已经让我很难过了，还假装哭来让妈妈同情你，你说妈妈怎么能不失望、不难过呢？”

这时需注意的是，妈妈应该以“我—传达法”来如实地讲述自己的心情。如果用“你—传达法”来训斥孩子，那孩子的防御心理会更强烈，更试图用谎言和顶撞来解决。例如，“你是不是又撒谎了？”“你怎么竟说幼稚的谎话，还一副无辜的样子？”“你每次都演戏、掉眼泪，已经不是一两次了吧？”这些“你—传达法”形式的责备，只能导致恶性循环。如果换个方式，采用“我—传达法”来告诉孩子，你已经知晓了孩子的谎言和伪情绪，孩子虽然免不了一时感到难堪和慌张，但当他意识到家长率直和难过的心情后，会很快理解家长的心情。这样一来，孩子就没法用更高级的谎言来试图逃避问题了，也会意识到伪情绪是多么不应该。当他意识到这些而表示真心忏悔时，家长便可以开始进行情绪管理训练了。

“原来你是担心不哭的话，妈妈会更严厉地教训你，所以才会故意假装哭的是吗？没事的，你现在愿意诚实地告诉妈妈，妈妈还是很高兴。”

在进行情绪管理训练的同时，家长应强调“正直的重要性”及“说谎后试图逃避问题比说谎本身更不能原谅”，这样孩子就会记住这点，从而产生真正的改变。

不同的成长时期，
对待孩子的方式
也要有所改变
5

周岁之前的孩子，面对面分享情感

孩子自从脱离母体，就开始了从未有过的全新体验。既有在妈妈肚子中时似曾相识的温馨和舒适，也有陌生世界带来的不安和恐惧，当然，还有尿布湿漉漉的不适，这些全都会让宝宝忍不住哇哇大哭。

孩子出生后接触崭新的世界，这也是慢慢了解陌生的全新情绪的过程。接触新情绪的方式不同，孩子大脑回路的连接方式也不同。例如，和妈妈舒适惬意地度过了一个白天，但到了晚上听到爸爸的声音（听觉），闻到一股酒味（嗅觉），被恐惧笼罩的妈妈紧紧抱住孩子（触觉），旁边是喝醉后对妈妈拳打脚踢的爸爸的面孔（视觉），那孩子将会如何反应呢？孩子的大脑回路中爸爸的声音、酒气、大嗓门及妈妈的哭声等，快速刺激到他的听觉、嗅觉、触觉、视觉，并很快和负面情绪（恐惧和不安）联系起来。将来，无论是其中的哪种情绪信息传递进来（如只要看到爸爸的面孔），孩子都会启动联想“回路”，感到恐惧和不安。

如果孩子白天和妈妈在一起，晚上爸爸回到家时能热情地拥抱孩子，情况就会大不相同。爸爸厚重的声音（听觉）、粗壮有力的双手（触觉）、爸爸的味道（嗅觉）和爸爸的笑脸（视觉）等，都会改变孩子的感觉回路，将其排列成不同于前者的另一种方式。随后的日子里，只要一听到爸爸的脚步声，孩子可能就会笑开花，满怀期待地手舞足蹈。

由此可见，顺利接触全新情绪的孩子，他们的世界是明朗而安全的；反之，则会充满不安和恐惧。作为孩子的父母，有义务且有责任帮助孩子接触明朗而安全的世界。

◉ 前三个月，和父母形成情感的纽带

孩子刚出生时，维持生命所需的脑干已经发育完成。所以从出生的那一刻起，孩子便可以自如呼吸、吸吮乳汁、调节体温和睡眠等。我们在前面讲过，脑干组织的结构和功能与爬虫类的相似，所以又称为“爬虫类脑”。对于新生儿来说，虽然维持生命所需功能的“生命大脑”（或爬虫类脑）已发育完整，但感知和调节情绪的“情绪大脑”却犹如一片未开垦的处女地一样。

当然，这并不意味着新生儿没有情绪。虽说尚处于幼儿阶段，但新生儿拥有情绪是可以确定的。出生八小时的新生儿，当他闻到氨水的味道时，会皱皱鼻子，扭过头去，表示厌恶。新生儿会用笑和哭来表示喜、恶情绪。所以，情绪管理训练从娃娃时就可以进行。孩子时刻用情绪来表达自己的需求和状态，一点点经历情绪的分化。当孩子表露出情绪时，父母能及时做出反应，则有利于情绪大脑的发育，也会拉近父母和孩子的亲近感。

新生儿表达的是最为元情绪的两种情绪：快乐与痛苦。这两种元情绪会以极快的速度分化，在孩子八九个月时，便可以表达和分辨人类七大基本情绪。

别错过和新生儿进行情绪交流的 2.4 小时

新生儿的视力很有限，只能看到 25 ～ 30 厘米范围内的物体。为什么只能看到差不多两拃的距离呢？因为这个距离刚好是孩子被妈妈抱在怀里时，他们望向妈妈的距离。我们可以把它理解为，在孩子尚未连接大脑回路的情况下，首先要构架的就是同父母（或其他养育者）之间的关系。因为唯有养育者和孩子之间的信赖感和纽带感，才是对孩子来说最重要的。这是关乎生存的问题。

婴儿在这个阶段，大部分的时间都是在睡眠中度过的，基本上就是一直睡着。但是新生儿研究先驱者——哈佛大学医学院小儿科临床荣誉教授布列兹顿医生通过研究发现，新生儿在醒着时可以分为多种状态。因为肚子饿或尿布湿了而哭泣的生理需求时间、需求未能及时获得满足而发火和哭闹的时间、困倦状态及不哭的安静时间等。

其中最适合与父母形成纽带感的学习时间，既不是睡觉时，也不是发火或困倦时，而是“安静的清醒时间”。此时孩子双眼闪烁，似乎预示着早已把身体调节到了最佳的学习状态。但这个时间尤为短暂，只不过是一天 24 小时的 1/10 左右，即 2.4 小时，这是孩子和父母缔结情感纽带的黄金时间。可是这 2.4 小时并不是连续的，而是呈片段形式分布在一天 24 小时的某个区域中。因此，只有 24 小时陪伴在孩子身边，才有可能不会错过孩子“安静且清醒”的每个瞬间。

事实上，大部分家长都错过了这弥足珍贵的 2.4 小时。产妇由于刚刚生下孩子，正在坐月子期间，自己也处于虚弱状态中，所以在生产后至少三周内，一般都是请别人帮忙照看孩子的。如果照顾孩子的人对孩子呵护备至，细心照料，那也是件幸事。至少孩子在肚子饿了或哪里不舒服时，对方都能及时回应，立刻解决。如果照顾孩子的人比较粗心，未能对孩子的需求及时做出反应，那孩子"安静且清醒的瞬间"基本上都白白错过了。

而由一个人照看多个孩子，也不合理。因为每个孩子的生物钟不同，如果同时照看多个孩子，就不可避免地会在统一时间给孩子喂奶，如硬把熟睡的孩子叫醒等。另外，孩子独自处于"安静且清醒的瞬间"时，也会因为周围没有亲人适时出现，而无法体验和增强纽带感，一样会错过最佳时机。

产妇尽快恢复身体健康固然很重要，但是抓住孩子"安静且清醒的瞬间"更重要。爸爸妈妈需要共同努力，尽量利用孩子"安静且清醒的瞬间"和孩子交流情感，好让孩子在第一次面对陌生情绪时，不至于产生恐惧心理，从而顺利适应新情绪。如果错过每个不足 10 ～ 20 分钟的瞬间，那孩子就会失去和养育者培养亲密感和纽带感的黄金时机。不管孩子困了、饿了还是睡着了，都不顾生物钟而摇晃摇篮或抱着他玩耍，孩子反而会无法掌握好自我调节能力。

给孩子安定和舒适感，排除孩子的不安心理

新生儿面对崭新的世界，肯定会觉得非常陌生与不安。养育者的最大任务就是帮助孩子排除这种不安感，给孩子安全感和舒适感。

由于现在双职工家庭日益增多，有不少家庭无法保证给孩子安定平静的环境。由于没有合适的人帮忙照看孩子，临时托付给左邻右舍的情况也偶有发生，这无疑会增加孩子的不安感。

孩子刚要对临时照看的人产生好感，情感刚刚“扎下根”却又被辗转由另一个照看者照顾，于是情感又被“连根拔起”。对新的照看者刚要产生感情时，又被托付给另一个人……如此恶性循环，孩子根本就无法跟多位养育者产生好感。一旦形成不了信任感，就没法增强纽带感和亲昵感。孩子长大之后，也会由于分离焦虑、亲昵焦虑、忧郁症、注意力散漫、孤立和逃避等，而无法顺利适应社会。

布列兹顿医生仔细观察母亲与婴儿的沟通后发现，亲生母亲和孩子之间存在沟通障碍的竟然多达 70%。也就是说，只有 30%的人能够顺利进行亲子间的沟通。由此可见，想要和孩子达到顺利圆满的情感沟通，必须经过反复的磨合。

这时妈妈的态度很关键。当妈妈错误理解了孩子的需求后，如果能够立刻道歉并努力改正，两年之后再观察她们时，就会发现她们已形成了很好的信任感，而且孩子和妈妈之间没有太多的矛盾存在。相反，在婴儿时期由于沟通不顺利，孩子感到无奈或烦躁，妈妈也认为孩子不好带、让人疲乏而不予以及时纠正，那在两年后依然会延续这种不畅通的沟通障碍，建立不了最基本的信任感，于是会三天两头发生矛盾和分歧。

此时，对孩子来说最重要的是安全感和舒适感。足以危及生命的威胁和不适感，会引起孩子的恐惧与不安心理，并直接影响对这类信息极度敏感的大脑扁桃体和记忆处理器官海马体的结构及功能，

使孩子的抗压力大大减弱。

新生儿的惊人能力

培养孩子的感觉，需要爸爸的积极参与

随着有关新生儿研究的日益活跃，研究人员发现，尽管孩子尚不能用语言表达想法，也不能独立行走，但是新生儿却拥有惊人的能力。事实上，新生儿每时每刻都与世界紧密联系，并且吸收着巨大的信息，不断地学习新鲜事物。只要了解了以下内容，你就会理解，为什么从新生儿时期就有必要开始情绪管理训练。

孩子从出生的那一刻开始，便通过感觉来接触世界。尤其是孩子的中枢神经系统中，呼吸、吸吮和吞咽活动最活跃。最初的三个月里，婴儿通过触觉、味觉、嗅觉、视觉、听觉和平衡感觉等接收信息，因此他们的感觉非常敏锐。婴儿还会通过舌头和牙龈的触觉来获取周围事物的信息，所以才会不加分辨地把所有东西都放进嘴里咬。

孩子的感觉按从头到脚的顺序发育，当他们满五周岁时，相比手的感觉，脸部和嘴的感觉会更敏锐。婴儿的味觉在胚胎受精后的第八周开始形成，嗅觉则在孕后第 28 周发育到可以感知妈妈摄入和吸入的食物味道。婴儿出生后，能立刻区分甜、酸和苦味。出生后的第十天，则能分辨出妈妈的文胸衬垫与别人身上的气味不同，并且倾向于妈妈的体味和母乳味道。

根据美国心智发展心理学家安德鲁·梅尔哲夫博士的研究，新生儿的视力只局限于 25 ～ 30 厘米的范围内，这个距离大概是被拥抱状态时，孩子与大人面部的距离。

相比鲜亮的颜色，婴儿更喜欢黑色和白色；相比静止的物体，新生儿更喜欢动态的物体。出生一周的婴儿，对人的面部更感兴趣，尤其是妈妈的脸。此时，婴儿对于鼻子、眼睛和嘴等面部的中心特征不太感兴趣，他们更在意下巴、额头、头部和耳朵等的大致轮廓，以了解对方的整体轮廓为主。

如果孩子在妈妈的肚子里，听过包括妈妈在内的家庭成员的声音，那么他们出生之后，可以立即分辨出妈妈的声音，随后几天内还可以认出爸爸与其他家庭成员的声音。但相比其他感觉器官，婴儿的听觉发育缓慢得犹如乌龟爬行，尤其是语言发育能力更缓慢。孩子对音乐（旋律）的判断比语言容易许多，但尚不能像大人一样辨别出背景声音和主唱。因此，在和婴儿对话时，最好关掉电视、收音机和音乐，和孩子面对面地进行一对一的交流。在安抚孩子时，重复型的舒缓音乐和旋律比语言更有效。

孩子的前庭器平衡感觉要比大人的敏感得多，为了促进孩子的运动能力的发育，需要抱着、背着或轻轻摆动孩子等，以刺激其前庭器。孩子通过种种感觉来和世界接触，并对此表现出惊人的能力。仅靠妈妈一个人的力量，难以满足孩子的这种需求，需要爸爸一起参与其中。

爸爸是否共同参与到育儿过程中，是积极参与还是负面参与，都会给孩子的成长带来极大的影响。如果爸爸积极参与，正面效果就

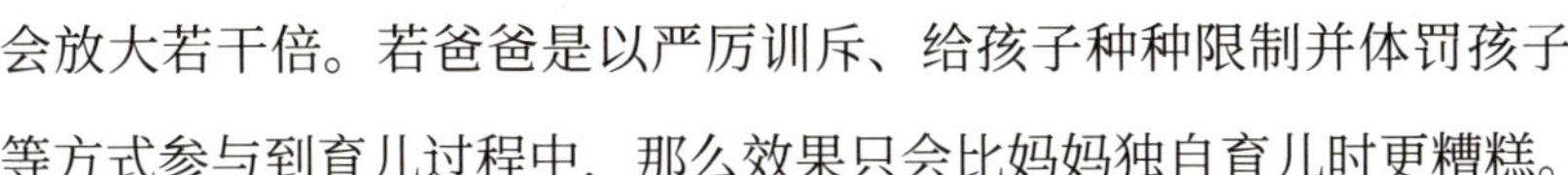

会放大若干倍。若爸爸是以严厉训斥、给孩子种种限制并体罚孩子等方式参与到育儿过程中，那么效果只会比妈妈独自育儿时更糟糕。

◉ 最初的三个月，进行正式的情绪交流

孩子身上表现出的三种最基本情绪是什么呢？高兴、愤怒和害怕。这三种基本情绪就像色彩中的三原色一样，与人种和文化无关。情绪可通过主观感觉、身体上的生理变化及行为变化来判断。

例如，当孩子被巨大的声响惊吓到时，因恐惧（主观感受）而心跳加快（身体反应），随即哇哇大哭起来（行为变化）。

出生 2～3 个月的婴儿，妈妈对他微笑时，孩子也会报以甜甜的笑，有时对别人也会主动微笑，这便是“社会型微笑”。有时，这种微笑还会伴着友好的“咿呀”学语的声音。

孩子出生三个月时，就可以辨认出爸爸妈妈的脸了。此时父母感受到的喜悦应该是无与伦比的。孩子眨着小星星一样的眼睛，望着爸爸妈妈突然灿烂一笑，为人父母者就会感受到什么叫天伦之乐。这个阶段的孩子已经会观察爸爸妈妈的表情，并开始模仿。如果爸爸妈妈的声音高昂且吐字清晰，孩子就会表示关注，偶尔伴随着表情。虽然孩子尚不会说话，但能够用咿呀的方式，按照和爸爸妈妈相同的语调进行模仿。

一旦孩子开始辨认父母的面孔，懂得做出表情与模仿大人说话时，父母就应该积极地接纳和回应孩子的情绪。因为孩子通过观察，意识到爸爸妈妈对自己的关心时，其情绪便会很安定。

要注意，刺激要适度，如果过大则不利于孩子的发育。这个阶

段的孩子已经多多少少具备了调节身体兴奋反应的能力，因此一旦受到过激的刺激，就会发出信号。无论是好的或坏的刺激，一旦超过了适宜的程度，孩子就会扭过头去或做出冷漠的表情，不再对此感兴趣，有时还会皱眉头或用手推开大人，甚至开始哭泣。孩子会通过这种自我调整能力，使大脑和身体获得休息。

如果家长为了促进孩子的大脑发育，经常刺激孩子的五感（即人的五种感觉器官：视觉、听觉、嗅觉、味觉和触觉），一下子给孩子太多的玩具玩或长时间地刺激孩子，孩子就会用自己的表情或行为动作来表示“暂停”。就像好吃的食物，一旦过剩也会变成痛苦的事一样，孩子的大脑会觉得一时难以承受这么多刺激。

所以，一旦孩子表现出对刺激无法承受的信号时，家长就应该见好就收，这样孩子才会逐渐产生调节自我情绪的能力。如果家长不顾孩子发出的信号，继续施以更大的刺激，孩子不仅难以接受，还会错过适时制止外界刺激的学习机会。

和此阶段的孩子沟通时，我们建议通过感觉来进行。和孩子对话时，妈妈大多会变成女高音。因为即使不参考科学研究结果，妈妈也会凭自己的第六感知晓：与低音相比，适度的高音对孩子更有效。根据孩子的特点来解读孩子的表情，也是让孩子感觉安全和亲密的不错方法。

◉3～6个月，正面情绪交流非常重要

孩子出生后，首次进行情绪交流的对象大部分是爸爸妈妈，所以，家长的情绪状态对孩子的影响很大。出生三个月的孩子，已经

会表达伤心的情绪了，尤其是玩得正开心时被妈妈中途制止，他们就会露出难过的表情。

愤怒大概在出生 4 ～ 6 个月时出现。斯滕伯格 R.J. 和简布斯博士通过研究发现，如果把孩子手中的食物拿开，孩子就会显得很生气，这是因为这个阶段的孩子已经有了目标感。例如，孩子伸手要去拿玩具，却被大人拿开，孩子几乎无一例外地都会生气。因为他们的目标受挫，让孩子感受到了愤怒。

婴儿从六个月大时，就开始辨别他人的情绪了。婴儿可以分辨出开心的笑脸和难过、沮丧的脸。虽然在之前，孩子也能对其他表情做出反应，但从此时开始，婴儿可以根据对方的情绪来调节和变化自己的情绪。例如，大人用笑脸同孩子说话，孩子会回应微笑的表情；如果大人用生气或难过的表情说话，孩子也会做出哭或沮丧、别扭的表情。

妈妈的语调和表情，左右着孩子的情绪

哈佛大学医学院爱德华・特罗尼克博士的“无表情”实验，能很好地说明标题的观点。特罗尼克博士以 3 ～ 6 个月的孩子和他们的妈妈为对象进行了一项实验，观察孩子对妈妈的表情变化会做出何种反应。这项实验在 1975 年进行，在此之前，没有学者相信孩子会对妈妈的表情立刻敏感地做出反应，也没有谁针对孩子的情绪反应进行过研究调查。

特罗尼克博士要求妈妈先和孩子进行互动，就像平常一样，然后抑制自己的表情，毫无表情地看着孩子两分钟。这时摄像机里捕

捉到的孩子的反应着实令大家大吃一惊。孩子刚开始时对妈妈面无表情显得有些吃惊，继而拍拍手，用手指向别的方向，随后又做出困惑和皱眉的表情，并且叫喊。总之，孩子动用了自己所了解的所有方法，试图改变妈妈的表情，而在尝试的过程中，孩子始终观察着妈妈的表情。

实验进行的两分钟时间内，妈妈按照指示，对孩子的任何表情均不做出反应，始终面无表情，孩子最终扭过头去放声大哭起来，显得很痛苦、很委屈，足以看出孩子内心受到的压力。后来针对不同的孩子进行了同样的实验，每次都毫无例外地证实，孩子面对面无表情的妈妈会显得困惑和痛苦。而这也说明了孩子和妈妈在情绪上是紧密相连的，无论是对于妈妈的表情还是语调，孩子都会用全身心做出敏感的反应。

妈妈的忧郁症会影响孩子

妈妈面无表情，哪怕只有短短的几分钟，也会让孩子马上有困惑和痛苦的反应。如果妈妈患了产后忧郁症，持续几周、几个月乃至几年，对孩子的影响就会更严重。有数据表明，约有 66%的产妇患过产后忧郁症。

哈佛大学儿童发育中心的最新研究表明，妈妈的忧郁症不但会立刻影响孩子，还会影响婴儿的大脑回路形成，使孩子长大后，身体、认知和情绪发育等诸多方面受到影响。所以一旦妈妈患了产后忧郁症，便应当通过心理疏导和夫妻情绪培养等方式积极治疗，以免其负面影响直接危及孩子。

由忧郁型妈妈带大的孩子，没有活力，对玩不感兴趣，容易烦躁和发脾气。当妈妈的忧郁症持续一年以上时，孩子的成长发育也会出现障碍，脑神经回路系统发育呈现明显缓慢的状态，而且不善于表达情绪。出生 3 ～ 6 个月的孩子通常都会“咿咿呀呀”地表达自己的情绪，但由患忧郁症的妈妈所照顾的宝宝，则很少用声音来表达情绪。

有个真实的例子可以很好地说明患忧郁症的妈妈带给孩子的影响。一位年轻的妻子随丈夫远赴美国，美国生活对她来说既陌生又孤单。丈夫为了考博，每天都在学校里忙到很晚，白天只有她守着空荡荡的屋子，没有人可以说话。她也不擅长英语，既没有朋友，也没有亲戚在身边，有的只是一天天高涨的孤独感。

后来她怀孕了，但身边没有人可以帮助她，以致她患上了忧郁症，整个孕期都是哭着度过的。孩子降生后，她的忧郁症并没有痊愈。由于产后身体虚弱，内心疲惫，加上又要照顾孩子，她的忧郁症日益严重。一直到同丈夫回国后，她才逐渐走出了长达数年的忧郁症的阴影。

“如今回想起来，觉得很对不起孩子。孩子来到世上，每天看到的只有妈妈流眼泪的样子。有时候孩子在哭，我都没力气去抱他，就那么呆呆地看着他，有时候甚至直接走开。可能是那段时间带给孩子的影响，现在我的孩子也出现了忧郁症症状。这都怪我。”

她流下了痛苦的眼泪，说都是自己把忧郁症传给了一张白纸般的孩子。研究证实，妈妈表现得忧郁时，这种忧郁脑波和孩子的脑波会达成相似的模式。也就是说，妈妈的忧郁情绪会直接传达给孩子。只有妈妈内心感到幸福时，孩子才会真正感到幸福；如果妈妈忧郁，孩子也会变得忧郁。好在即使妈妈深陷忧郁症之中，倘若由没有忧郁症状的爸爸或其他养育者来照顾孩子，孩子的脑波中也就不会出现忧郁脑波。

父母的情绪在很大程度上影响着孩子。只有父母幸福了，才能造就孩子的幸福；忧郁的父母只能让孩子也变得忧郁。所以，如果希望孩子幸福成长，家长应该努力和孩子进行积极且肯定的沟通。传递给孩子温和、积极的情绪越多，孩子越能感受到情绪上的安定。

◉6～8个月，解读孩子的情绪

出生后的6～8个月，可以说是婴儿的大探索时期。这时，孩子会留意过去不曾注意过的物体或人，仔细观察并做出反应。他们感受到的情绪和表达的方式也有所不同。他们可以感受好奇心、喜悦、不满、害怕和挫折等情绪，而且还能学会用全新的方式来表达这些情绪。

这个阶段，孩子同父母的交流越来越多。当看到感兴趣的玩具时，他们会望着爸爸妈妈的脸，以此来表达希望同大人一起玩耍的愿望。不仅婴儿传递自我情绪的能力提高了，他们通过父母的话语、表情和语调来认知父母情绪的能力也一并提高了许多。从这个阶段开始，家长可以用更丰富多样的方式和孩子进行灵活的情绪交流。

帮助孩子顺利度过认生阶段

孩子出生后，快则从六个月起，便开始认生了，即对陌生人感

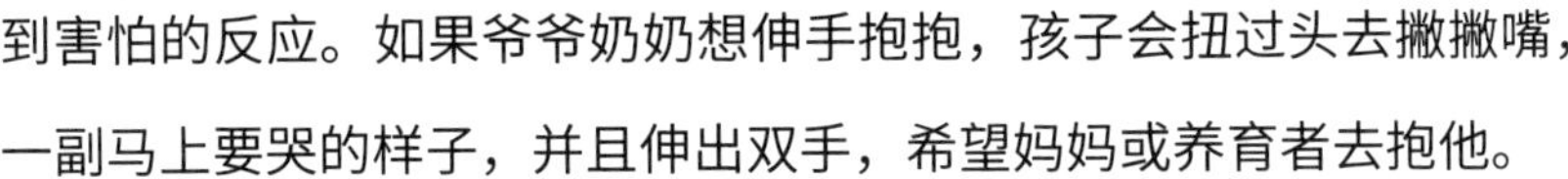

到害怕的反应。如果爷爷奶奶想伸手抱抱，孩子会扭过头去撇撇嘴，一副马上要哭的样子，并且伸出双手，希望妈妈或养育者去抱他。

认生差不多从孩子会爬时开始，可以把认生看作有利于生存的适应阶段，约翰·鲍尔比博士把婴儿的这种认生现象和生物学上的生存行为结合起来进行了说明。在早期的人类历史上，医学技术还很落后，产妇和婴儿的死亡率都很高，孩子不管被谁抱都能开心地笑出来，只有这样其生存的可能性才会更高一些。

婴儿通常从六个月开始会爬，周岁时则可以站立行走，这个时期孩子很容易跟着陌生人走，会迷路或被拐骗。出于本能，孩子认识到只有和特定的某个人有特别的亲昵感时，自己才会安全，才会得到全面的呵护。这就像生理学上乳牙的萌生期一样，认生现象早已被升级到生长发育过程中的自然阶段。

一旦过了两周岁，孩子就可以独自在近处行走并找寻食物了，他们也能渐渐脱离养育者，和他人形成纽带关系。文化人类学上，无论是何种族或人种，他们在周岁前后都会出现认生现象，从这一点上考虑，上面的观点还是颇具说服力的。

如果家长能认识到带给认生巨大影响的两个因素，就可以协助孩子很好地度过认生期。第一，孩子在熟悉的环境和情境中，认生现象并不明显。例如，在家里看到久违的奶奶时，相比在奶奶家第一次见面，认生程度会减轻许多。第二，陌生人的行为。如果陌生人向孩子搭话或试图抱孩子，孩子就会因为害怕而哭起来；但如果在这之前，妈妈先和陌生人友好地交谈，陌生人在抱孩子之前递给孩子玩具表示亲昵，那孩子的认生程度会减轻许多。

稳定坚固的亲昵感，将影响孩子的一生

出生六个月之后，孩子和父母的亲昵关系会正式形成，此时家长应该更重视与孩子的沟通。六个月到两周岁，是形成亲昵感的关键时期。拥有稳定亲昵感的孩子，能够如实地将自己的情绪与亲昵对象分享，并寻求他人帮助，并且在这个过程中学习处理情绪问题的有效方法。

相反，如果亲昵感形成不稳定，孩子就会在情绪上感到不安，容易发脾气或放弃，不懂得如何充分表达自己的情绪，于是有时会做出过激的表现或干脆压制自己的情绪。由于他们在情绪上不够稳定，所以一有不满意就会大哭起来，不肯离开妈妈。通常出生八个月的孩子会感到分离的焦虑，这是由亲昵感形成方面存在问题导致的。

这时最好能有至少一个人作为养育者，拿出充分的时间陪孩子，和孩子形成稳定的亲昵关系。在不得已的情况下必须变换养育者时，最好错过这个时期，安排在出生五个月时或 24 个月以后再更换。

孩子突然和养育者分开时，会经历一种“感情创伤”，如果是在认生现象最为强烈的 7 ～ 18 个月龄时突然和熟悉的养育者分离，那相比其他时期的分离，孩子的分离焦虑感和亲昵障碍会更明显，预期不乐观。约翰·鲍尔比博士的理论，可以说是儿童发育研究史上的一座丰碑。

帮助孩子表达丰富多样的情绪

孩子出生后 6 ～ 8 个月时，情绪表达更丰富。作为父母，有责

任也有义务帮助孩子体验和表达丰富的情绪。这个时期的孩子很喜欢各种游戏，包括模仿爸爸妈妈的表情。因此，陪孩子一起玩耍时，应帮助孩子体验各种情绪。孩子在与父母一起玩的过程中，会表达出更丰富的情绪，从家长做出的积极回应中，感受到深深的爱意和纽带感。

如果孩子从新生儿时期就和父母有持续的情绪交流，那到了这个阶段，孩子对于解读父母的情绪就显得更熟练。虽然不会用语言表达，但是对于平日照顾自己的父母的语言，孩子都可以听懂。所以，不但要解读孩子的情绪，用表情给予积极地回应，还要用说话方式参与，这样才会更有效。

例如，孩子被逗得咯咯笑时，大人也可以用笑声附和，并问：“是不是很好玩？”如果孩子生气了、哭起来了，大人也可以做出不开心的样了，问孩子：“宝贝生气了是吗？是不是很生气啊？”孩子在意识到父母对自己很在意、很关心时，就会舒心，且渐渐平静下来。

◉ 9 ～ 12 个月，和孩子分享想法和情绪

孩子一旦到了九个月时，就能分辨出别人是否接纳自己的情绪了。在这之前，孩子当然也可以通过父母的表情、话语和语调来解读父母的情绪。但那时他们还不能意识到父母的哪些反应是针对自己情绪的回应。尽管在这之前也有和父母之间的情绪交流，但很难把它看作真正意义上双方之间的交流。

如果孩子能意识到自己可以同他人分享想法和情绪，情况就会有所不同。到了这个时候，孩子能明确认识到父母是在解读自己的

情绪，并做出反应。如果是在过去，肚子饿了哭的话，爸爸妈妈就会问:“饿了？是不是饿了才哭的？”孩子听到后，因为感觉到来自大人的关心而安心。但孩子现在不仅能听懂，还可以回应大人，虽然还不会开口说“是”，却可以点头或发出声音表示“是的”；如果不饿，孩子就会摇摇头。仅仅靠这些技能，孩子和大人之间的双向交流，就已经完全没有问题了。

另外，孩子还会领悟到，人或物体不会消失不见，他们将客观存在着。比如，妈妈可能会暂时离开身边，却不会永远消失不见，过一会儿又会再次回到自己身旁。由于这个时期的孩子能够意识到有人会在旁边始终关注着自己的情绪，因此感到安心和无比的亲昵。

通过双方交流，增强纽带感

孩子满 12 个月时，会对妈妈的情绪和态度做出敏感的反应。例如，妈妈对一个新玩具做出害怕的表情，那孩子决不肯再玩那个玩具；相反，妈妈若对新玩具开心地笑，那孩子也会对这个玩具表现得非常喜欢。

摩西博士也有与此相似的研究结果，即孩子感知到的父母表情十分准确。例如，妈妈对某个玩具表现出厌恶表情时，孩子会避开不玩它；相反，妈妈对某个玩具做出喜欢的表情时，孩子也会喜欢该玩具。这种现象被称为“社会参照”，意思是根据社会性依据或信号，使自己的情绪和行为与之适应和改变。

通过这种双向情绪交流，孩子和父母的纽带感会更牢固。研究表明，情绪上形成稳定纽带感的孩子与其他孩子相比，前者即使和

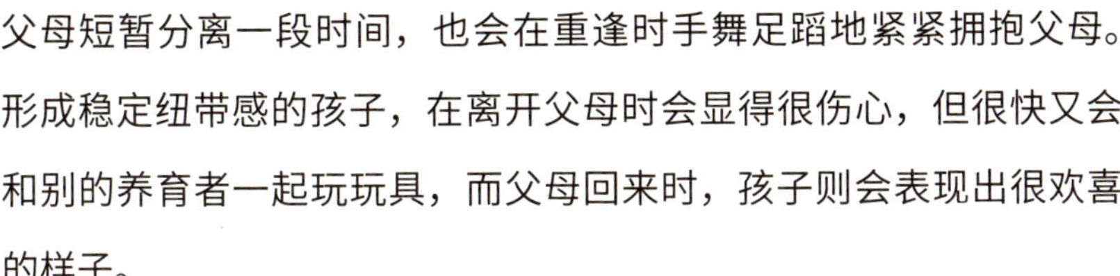

父母短暂分离一段时间，也会在重逢时手舞足蹈地紧紧拥抱父母。形成稳定纽带感的孩子，在离开父母时会显得很伤心，但很快又会和别的养育者一起玩玩具，而父母回来时，孩子则会表现出很欢喜的样子。

未能形成稳定纽带感的孩子，离开妈妈时会哭得很伤心，哄也哄不好。之后，孩子继续表现得不安且焦虑，对周围环境也不感兴趣，不肯玩耍。妈妈回来时，孩子并不热情，似抱非抱，表现得很漠然。但妈妈一旦要离开时，孩子却会表现出极度不情愿，整体表现矛盾又模糊。

第三类孩子，不管妈妈是否离开、是否回来，他们都无所谓，只是自顾自地玩着，这类孩子属于“亲昵感缺乏型”。这类孩子在上幼儿园或上学时，也会表现得我行我素，不肯与他人沟通，在同龄人之间或待人方面存在诸多问题。

如果不想让孩子在情绪上感到不安，就要鼓励孩子积极表达自己的想法和情绪。否则，八个月龄左右出现的分离焦虑症会更严重。

比如，孩子正处于认生阶段，不肯离开父母，但是为了上班或出去办事，父母不得不把孩子交给别人照看，这时就应该给孩子“没关系，可以放心”的暗示。

很多时候，由于不堪孩子的哭闹和纠缠，家长会偷偷地溜出来，这种做法并不妥当。应该接纳孩子的情绪，让他表达自己的想法和情绪。孩子已经能听懂大人的话了，所以要和孩子进行充分交流和沟通，让孩子放心。即使孩子不能完全理解父母讲话的内容，也应该温柔地劝说，让孩子从温暖的话语和充满关爱的举止中感受到信赖感，重新找回内心的安定。

周岁前后的分离焦虑，很危险！

周岁前后经历过分离焦虑的孩子，在成人后，对于分离会表现得极其敏感。几年前，曾就读于美国大学研究生院的一名男子前来接受治疗，他的问题是强烈的忧郁和不安。他的父母 30 年前移民美国，是移民成功定居的典型，但是儿子的突然改变给了父母莫大的打击。

上大学期间，孩子并没有什么异常，但是考上研究生才几个月，儿子便提出要退学。退学后他整天什么也不做，陷入忧郁和不安之中，甚至还有自杀的冲动。儿子不上学，也不出去工作，就待在家里，父母心里像着火一般着急。

我问他这种忧郁和不安是从什么时候开始的，他说是和女友分手后。他和女友是在大学时相识交往的，相处了三年，后来因为考研才不得不分开，从那时起他便产生了不安感。和女友分手并不是因为感情不和，而是出于一旦考上了研究生，就不能像以前那样经常见面的焦虑心理。分开两地让他感到透不过气来，十分痛苦，总感觉会失去这个远在异地的女友，所以他忍不住每天都打数十个电话。结果女友说，还没结婚就表现出如此强烈的依赖心理，还是分手为好。曾经害怕失去女友的不安感，成了不幸的事实，嫉妒心理燃尽了内心的能源，让他感到如枯竭一样的无力和恐惧，并完全丧失了上进心。久而久之，如同废人一样。

这种症状是由分离焦虑导致的。我有些奇怪，他的生长环境应该是十分稳定和睦的，到底是什么事情让他有如此极端的分离焦虑呢？于是我问他，过去有没有和父母或其他重要的亲人分离过，尤其是在周岁前后。他当然不记得周岁时那么遥远的事情，于是打电话和美国的父母联系，请他们帮忙。刚开始，他的父母也想不起来了。努力回忆之后，他们回想起儿子曾在 13 个月大时，暂时和父母分开过一段时间。夫妻俩为了去欧洲过圣诞节，把孩子委托给妹妹照看了一个月。当时孩子哭得十分厉害，妹妹甚至说没见过这样的孩子。头两周，孩子就没有安静的时候，天天哭，有时哭到会把牛奶都吐出来。后两个星期，也许是哭累了，他才慢慢安静下来。

如果儿童专家看到孩子当时安静的状态，便能看出孩子是患了“小儿忧郁症”。因为极度的分离焦虑，孩子承受了莫大的压力，最终能量耗尽，绝望地领悟到哭也没用，便陷入了挫折、绝望和无力等忧郁症状中。一个月后父母回来时，本以为孩子会欣喜地投入妈妈的怀里，但孩子只是不大高兴地瞅瞅妈妈而已。

从此之后，孩子的性格发生了巨大的改变。妈妈到超市买东西或暂时出去一会儿，孩子就会如同被刺痛般尖叫着哭起来。送孩子上幼儿园也着实费了不少力气，乃至后来上小学或中学时，每当入学时，孩子就会经历相当长的适应期，倍感艰难。

两岁时被狗咬过的人，虽然不会刻意记住这件事，但他们长大之后，看到狗会表现得非常敏感。走在路上，对面有狗“汪汪”叫，他们也会吓得心“突突”跳，条件反射地做出逃跑或迎战的姿势。这位研究生的分离焦虑和这种情况相似。虽然不会刻意记住过去的事情，但情绪上输入到大脑海马体的外创事件一旦与当前的情形联系起来，被认为是相似时，就会立刻引起恐惧和不安感。正是这种小时候与父母分离一个月经历的分离焦虑，使他在面临与女友分开时，感到紧张和痛苦，给他带来莫大的伤痛。

好在终于找到了这位研究生不安和忧郁的原因，所以也就能使他抛开“这样下去会不会精神失常”的不安和疑虑。经过三次治疗之后，他已经可以“控制”焦虑和不安情绪了。每当有可能会永远分离的焦虑感袭来时，他都会告诉自己做五次深呼吸，并且用走路或跑步等规则的双腿运动来缓解不安心理。

他也把自己的痛苦经历用“我—传达法”讲给女友听。通过这种方式，他便可以从过去自己伤害对方（“都是因为你，让我这么痛苦，你是个残忍的女人！”）导致女友误解为自己精神异常的痛苦（“和你这种精神病做朋友，简直太恐怖！求你别再纠缠我了！最好离开地球！”）中脱离出来。不仅如此，当他把自己的不安原因平静地讲给女友听时，女友对他表示了真诚的同情和安慰，并且每天都会打电话来问候他，一如既往地关心他，继续与他做“好朋友”。

适合 0 ～ 12 个月宝宝的游戏

玩，唤醒了孩子的感觉

游戏时，尽量和孩子多一些视觉碰撞。请关闭您的电话、电视和收音机。

1．视觉游戏

出生五六周时，孩子便会笑了。三个月大时，可以拿一个玩具从右到左慢慢移动，孩子就会跟着玩具移动视线。典型的游戏如“躲猫猫”。

2．听觉游戏

孩子的各种感觉中，听觉发育得很缓慢。摇铃铛或放音乐给孩子听，都会对孩子的听觉发育非常有益。

3．视觉 + 听觉游戏

和孩子做短音节模仿游戏，无论对孩子的视觉还是听觉发育，都非常有益。“a—e—i—o—u”，尽量让口形夸张一些，孩子可以慢慢模仿并学习。

4．味觉 + 嗅觉游戏

喂孩子辅食时，可以先让孩子嗅嗅辅食的气味，再让他尝尝味道。

5．触觉游戏

出生 6 ～ 9 个月后，孩子慢慢开始爬行，这是可以用全身来感受的触觉。可以让孩子抚触或抓握柔软的东西，也可以让孩子脚踢柔软的靠垫，这些游戏都很适合在这个阶段进行。

6．语言游戏

出生 3 ～ 6 个月时，孩子开始咿呀学语。模仿“咿咿呀呀”的声音，能吸引孩子的注意。有些孩子到了 5 ～ 6 个月时，还能跟着大人喊“爸爸”和“妈妈”。

7．藏起来，找出来

到 9 ～ 10 个月大时，可以玩“寻找藏起来的东西”游戏。例如，让孩子看过玩具后用毛巾遮盖起来，孩子会掀起毛巾找出玩具，并且会表现得很开心。

8. 耳朵在哪里？鼻子在哪里？

12 个月大时，可以玩“找鼻子”等身体部位游戏。如果问孩子“宝宝的鼻子在哪里？妈妈的眼睛在哪里？爸爸的耳朵在哪里？”，孩子会指出来，玩得很高兴。也可以拿个镜子，让孩子看着镜子找自己的身体部位。

9. 其他游戏

对孩子来说，每天的生活都是新的体验，也是游戏。洗澡、换尿布、穿衣、唱睡眠曲……这些都可以掺入游戏的成分，边玩边做。

游戏注意事项

- 同孩子游戏时，在要求之前加上孩子的名字，孩子的认知和记忆力会更出色。例如，单纯地问孩子“鼻子在哪里”不如问“民智的鼻子在哪里”，这样游戏效果会更显著。
- 许多育儿书中，都写到播放影碟可以提高孩子的语言学习能力，有利于学习。其实靠影碟来学习的孩子，其语言能力反而会发展得更缓慢。最好的育儿方式是，父母和孩子面对面地快乐游戏。对孩子来说，爸爸妈妈的脸胜过任何玩具。
- 为孩子读书有益于其大脑回路的形成，但应注意，读书时要根据孩子的接受程度，缓慢且生动地朗读。

不擅表达的幼儿，不提醒就会走偏

1～4 周岁，我们称之为幼儿期。尽管幼儿个体发育有差异，但是只要过了一周岁，大部分的孩子都能学会走路，活动范围更广阔。有时候可以脱离大人的手，做些独立活动。除了走路，孩子还能用勺子独自吃饭。一直都依赖爸爸妈妈，什么事都无法自己做好的孩子，自从意识到自己能独立做些事情了，便会感到新奇，一点点培养独立能力。

孩子的情绪也会迅速分化，到了 15～18 个月时，他们就有了自我意识，开始懂得骄傲和惭愧。例如，弄坏玩具时，孩子会感到羞愧；而做好某件事时，他们会感到自豪。

孩子在 18～24 个月时，可以感受和表达更丰富的情绪。由于他们意识到自己能够完成某些事情，于是自我主张会更加强烈，开始不怎么听从爸爸妈妈的话了。所以这时，在父母看来，可能会觉得照看孩子更让人疲惫。孩子哭闹，哄也不起作用；不满足孩子的要求时，他还会发脾气、耍赖。所以，情绪管理训练就显得更重要了。当孩子表露自我情绪，伸张自我主张时，应格外做好情绪管理训练，以便孩子从中认识到不同情绪，并掌握调节情绪的能力。

◉ 当孩子说“不”时，父母应读懂背后的想法

学话比较早的孩子，经常会说“不”和“讨厌”等词汇，这是因为孩子正处于形成独立能力的时期。但家长面对孩子一个又一个“不”，可能会干着急。

“宝宝，吃饭了！”

“不！”

“和妈妈一起去游乐园，好不好？”

“不嘛。”

动不动就冒出一个“不”字来，虽说是个孩子，但如果什么事都用“不”来搪塞，家长也会烦躁，不知道如何开导孩子，于是困惑或犯愁。

幼儿期孩子说“不”，其实是有多种含义的。可能是由于不喜欢某种状况，用“不”来表达极度不喜欢的意思；也有可能单纯为了吸引爸爸妈妈的注意，才会说“不”。家长应该读懂孩子为什么说“不”，了解其内心的真实想法，尽量让孩子按照自己的想法来做。

有时候孩子说“不”，也表示孩子不愿意大人代劳，愿意自己尝试，所以经常会在说“不”的同时说“让我来”，这时不妨给孩子独立尝试的机会。当然，如果是危险的事情就另当别论了，但在安全范围内，应尽可能放手让孩子自己尝试。

很多家长对这个阶段的孩子能否独立完成某事持怀疑态度。因

为在父母眼里，孩子始终是需要大人呵护的，即使在孩子要求“让我来”时，家长也会极力阻止；即使勉强同意孩子自己做，始终也会用充满担忧的目光看待，焦急地跟在孩子后面“监督”。

这个时期尤其需要根据孩子的气质，来培养他们的独立能力。如果是容易型的孩子，他们在表示轻微的“不”之后，一旦家长强行阻止，孩子便会顺从大人，放弃自我尝试。本来可以自己吃饭，但大人嫌孩子掉饭粒，非要喂，那孩子就不再自己吃，习惯让大人来喂。本来自己套上鞋子可以穿好，但大人不放心，偏要亲自给孩子穿，那孩子也就直接伸腿让大人给穿了。看起来温顺听话，但孩子却可能会因此放弃了尝试，心里感觉到自己的诸多需求都被父母拒绝了。一句话，孩子尽管看起来乖巧，但独立能力却会大大降低。

相反，困难型的孩子可能会将“不”的情绪表达得更强烈，更固执。在大人看来，孩子之所以会把事情弄糟、被绊倒、受伤、惹是生非……都是因为孩子还不熟悉自己做的事情，于是责怪孩子不听话。其实，孩子只不过是按照天生的气质表达了自己的独立欲望而已。如果这时一味地阻止孩子做某件事，孩子就无法靠自己缓解逆反和挫折等负面情绪。家长不妨在确保安全的前提下，让孩子自己尝试，通过反复尝试，逐渐掌握解决问题的方法。

对大器晚成型的孩子来说，“独立意识时期”是对父母耐力的考验时期。其实，别的气质的孩子由于脑神经细胞的回路（所谓的道路网）还没有发育健全，因此无论是信息处理时间还是反应时间都比大人慢。而大器晚成型的孩子在这一点上表现得尤其明显，以至于大人看着干着急。如果这时家长能以足够的耐心等待，不施加压力，那在培养孩子独立能力的同时，也会让他体会到成就感。

在孩子完成独立意识发育的阶段，即 1～2 岁时，家长应该学会询问和接纳孩子的情绪，并与他感同身受。而且，相比闭合式提问，应该更多尝试开放式的提问。“要不要”就属于闭合式提问，答案无非是“要”或“不要”。

“你看怎么办好呢？”

“你现在想做什么？”

“现在心情怎么样？”

“如果你现在不想做，那打算什么时候做呢？”

“看看这里你喜欢哪个？挑一挑。”

这种开放式的提问，不但可以帮助大人了解孩子的想法，也可以让孩子选择的余地更大一些。

◉ 解读孩子最初的独占欲

幼儿期的孩子独占欲很强，虽然他们愿意和同伴玩耍，但由于极强的独占欲，使他们无法与同伴友好地玩耍。这个阶段的孩子会有自己的观点，大致可以分为以下三种。

1. 我看到的就是我的！
2. 你的东西，如果我喜欢，那就是我的！
3. 一旦我拿到了，就永远属于我！

这些“法则”在大人的世界里显得幼稚可笑，但在尚以自我为中心的幼儿期孩子心中，这些想法是再自然不过的事情。如果大人能理解孩子的这种原始独占欲，就能巧妙地调节孩子和伙伴玩耍时发生的矛盾。

暂且不提同龄伙伴，有时和弟弟妹妹在一起时，他们也会因为独占欲产生矛盾。弟弟可能想摸一下哥哥的玩具或玩一会儿，但这对于幼儿期的孩子来说是无法容忍的。“不行，这是我的！”孩子会边喊边紧紧抱住玩具不肯给。这时，请大人不要这样说：“你不是有很多玩具吗？给弟弟玩一个吧”或“和弟弟一起玩吧”。对于刚产生“我的”意识的孩子来说，弟弟拿了自己的玩具玩，当然是让人非常生气的事情。

这时要对孩子进行情绪管理训练。首先接纳孩子生气且烦躁的情绪。

“弟弟拿了承允喜欢的玩具，让承允生气了是吧？”先解读孩子情绪，然后进入下一步。

“不过，看来弟弟也很喜欢这个玩具啊。要不，就让他玩一小会儿，再还给承允玩，怎么样？”

家长都希望孩子能和别人友好相处，有良好的交际能力，于是会给孩子灌输“分享”和“让步”的观念，但这些对于孩子来说，还是晦涩难懂的概念。这个时期的孩子还没有形成“分享”或“让步”的观念，因此面对大人的说教，孩子只会显得如坠云雾中。不过，大人至少可以给孩子讲解轮番玩游戏的方法。

◉ 父母以身作则，表达和控制情绪

家长们可能都有过这样的经历，某一天，孩子突然冒出自己曾经说过的话或做过的行为，让大人大吃一惊。不久前，世珍的妈妈因世珍的举动受到了很大打击。孩子不过才 36 个月大，但是妈妈听到她对娃娃说的一番话，着实让她震惊。

“妈妈有没有对你说过，这样做是不对的。妈妈真为你伤心死了。”

“还不赶紧吃！妈妈都要急死了！”

萝卜头一样的小孩子，说出来的话却如此刻薄冷漠，一本正经地教训着手里的娃娃，还时不时地拍一下娃娃的屁股。这不正是世珍妈妈对世珍说过的话和做过的举动吗？

其实不必大惊小怪。孩子在三四岁时，喜欢模仿大人的日常行动，喜欢做游戏。例如，学妈妈的样子炒菜做饭，学爸爸的样子刮胡子等，他们喜欢模仿父母和家人的行为和语言。

家长平时的表现，可能对孩子造成负面的影响，也有可能成为有益的典范。由于孩子有模仿父母行为的倾向，如果家长在平时给孩子做出正面积极的表率作用，孩子也能自然而然地学会表达和调节自我情绪的能力。

世珍的妈妈因为大声训斥或打骂孩子，孩子就误以为：“啊，原来这个时候可以大声说话，可以用手打！”相反，家长即使在极度生气时，也能平静下来冷静应对，那就会成为孩子在生气时处理问题的行为标准。

父母是孩子生动的教材，这也是为什么强调，在进行情绪管理训练之前，家长首先应认清和调整好自己情绪的原因所在。其实即使不针对孩子表露情绪，孩子也会在父母平时对待他人的态度中学习和模仿。从小看着父母慢待老人长大的孩子，不可能自省道：“长大了我可得孝敬父母，生气了也不打骂父母。”

适合两周岁宝宝的游戏

培养独立意识，游戏第一

留意孩子的身体需求和情绪需求，当认为最佳时机已到时，便可以同孩子进行一些有益的游戏。例如，孩子揉眼睛、摩挲耳朵，表示孩子困了；扭过头或蜷着腰背，表示孩子受到了过分的刺激。相比语言，用表情或行为来表达情绪的方式更为多样。

1. 独立玩耍

独立玩积木或拼图游戏，可以坐得更久一些。

2. 规则游戏

和小伙伴一起玩时，孩子会理解游戏规则。例如，大人可以教孩子:“打别人是不对的！”

3. 记忆游戏

可以玩一些记忆型游戏，如扣上纸牌，再找出一样的纸牌。

4. 运动感觉

可以在大人的帮助下骑三轮车。自己穿衣或脱衣，也可以当成游戏来进行。给娃娃穿衣服，也是个不错的游戏。

5. 照顾自己

自己梳头发或穿脱衣服。

6. 想象游戏

与娃娃对话，也可以与想象中电话那头的人通电话。

7. 其他游戏

利用纸和笔或粘贴来完成画作。另外，对于粘贴或揉皱纸张等游戏，孩子也会很感兴趣。

游戏注意事项

- 可以做个小房子，让孩子自己玩。用大纸盒箱子做个房子，简单装饰一下，让孩子在里面玩汽车或娃娃。
- 孩子有了时间观念，能理解“再等等”“晚上等爸爸回来再玩”这样的话。也可以问些别的带有时间性的问题，如：“秀彬今天打算领小狗去哪里玩呢？”
- 孩子虽然愿意跟其他小伙伴一起玩，但由于还不善于交际技巧，在处理人际关系上显得不熟练，因此和别的小朋友打起来也是常有的事。这时如果能接纳孩子的情绪，并提示正确的行为方式，孩子就能够和同龄的孩子建立很好的关系，并维持下去。哪怕这时只有一个朋友，孩子也会在自己有了弟弟妹妹后，表现出对弟弟妹妹的关心和照顾，而且这种兄弟姐妹之间的爱会维持到他们长大成人。
- 孩子的情绪更丰富，会表现出忧郁、不安、烦躁和愤怒等情绪。这时可以把孩子最喜欢的“安慰玩具（如小熊或毯子）”放在孩子跟前，让他慢慢平静下来。

适合三周岁宝宝的游戏

游戏，丰富了孩子的想象力

这个年龄的孩子，对一切都表现出非同寻常的新鲜感和好奇心。一睁开眼睛，他们就会兴致勃勃地想，今天又会发生什么有趣的事情，对生活充满了好奇和期待。仔细留意的话你会发现，孩子在打开箱子或礼盒时，脸上会充满惊奇的表情。对于孩子来说，世界就是一个大学堂，学习是件快乐的事情。

1. 想象游戏

这个阶段的孩子不再满足于 24 个月大时的想象游戏，喜欢更高一级的想象游戏，如过家家或扮超人等，喜欢和想象中的主人公一起玩，有时干脆让自己成为想象世界里的主角。

2. 探险游戏

随着对周围环境越来越熟悉，孩子的好奇心也越来越重，喜欢到室外玩耍。

3. 分享游戏

喜欢和同伴分享玩具，一起玩。

4. 提问游戏

提问会突然变得很多，如“猫咪为什么喵喵地叫”，喜欢问“为什么”，家长如果能反过来问孩子，也是个不错的游戏。

5. 编故事游戏

给故事开头后，鼓励并引导孩子继续编下去。例如，“很久很久以前，有只癞蛤蟆。夏天的时候天气很热很热，这只癞蛤蟆就来到了河边。想想，接下来会发生什么事情呢？”这时，对于孩子的想象不要予以批评和说教，要专注地聆听，表现出你对孩子的故事饶有兴味，并积极地回应孩子。

6. 运动感游戏

可以做简单的剪纸游戏，也可以玩扔球游戏，把球扔得高于头部。和爸爸一起做体育运动或亲子游戏，无疑会对孩子的运动感觉、自信心、领导力及与同龄人相处的能力，起到很好的作用。当然，还可以让孩子踩着音乐拍子跳舞。

7. 寻找个性

挑出自己喜欢的色彩，让孩子通过这些来表达自己的个性和取向。

8. 关爱自然

可以栽培植物或养宠物。“花可能口渴了”及“小狗好像困了”等信息，都可以培养孩子的情绪共享能力。

游戏注意事项

- 在孩子看来，自己感兴趣的，父母肯定也会感兴趣，而且父母理所当然知道所有问题的答案。但是父母不可能知晓万物，所以有时候不妨向孩子提出问题，一同寻找答案。

- 这个阶段的孩子尚不能分辨现实世界和想象世界。他们相信布娃娃也是有生命的，摔娃娃或打娃娃，娃娃也会感到疼。对孩子来说，扫帚可以变成帅酷的吉他，锅盖可以变为神气的架子鼓……面对孩子的想象，家长不要急于否定，责备孩子又把东西弄得一团糟，不妨先问问孩子是怎么想的，有什么感觉。家长应尽量把关注的重点放在孩子的内心和思维上。只要是对人无害的游戏，尽可以让孩子去玩，也可以一同参与到想象游戏里。
- 喜欢和同伴一起玩，能够学到一点点让步和妥协的技巧。这时孩子的语言能力已经发展到一天能学会 12 个新词的程度。因此，建议家长配合情绪管理训练，鼓励孩子多用语言来表达自己的情绪。
- 想象力可以向好的方向扩大，也可以向负面方向发展，如恐惧和害怕。这个阶段的孩子对黑暗表现得尤其害怕，甚至把衣橱里的衣服想象成鬼怪。这时要接纳孩子的恐惧情绪，打开灯，让孩子丢掉恐惧，安下心来。
- 这个阶段的孩子入睡比较困难，但每天要确保 10 ～ 12 个小时的睡眠时间。睡前洗澡，体温升高一度，会妨碍孩子的正常睡眠。尽量在入睡一小时前给孩子洗澡，以确保孩子有足够的时间恢复正常体温，顺利入睡。

学龄前儿童，朋友之间的关系很重要

五岁，预示着孩子会有一个崭新的变化。一直以来在家里和父母度过大部分时间的孩子，这时便走入更广阔的世界，开始体验全新的生活。孩子上幼儿园与同龄朋友相处的过程中，会体验到各种各样丰富的情绪，也会渐渐明白，过集体生活就要遵守一定的规则。

新的环境，总是伴随着恐惧。孩子既渴望结交新朋友，与他们一起玩耍，又会在共处的过程中体验到别样的情绪，感到困惑。不仅如此，由于新体验到的恐惧相比过去的恐惧更多样、更深重，因此孩子也会产生不安心理。

但这种丰富多样的情境与情绪体验，对于孩子的成长将会利大于弊。父母的作用，就是帮助孩子接触和熟悉这些丰富的情绪，并且帮助孩子恰当地调整好自我情绪。

◉ 关注孩子的情绪，鼓励孩子表达

5～7 岁的孩子，在大人眼里依然是小孩。但这个时期的孩子，

感受到的情绪远比大人想象的多，而且孩子通过这些体验，能学到许多新内容。只不过，大人和孩子都没有及时意识到而已。

如果想让孩子健康地体验到各种情绪，并且学会调节情绪，家长就要时刻关注和询问孩子的情绪，并且帮助孩子表述他所经历的情绪。然而，守株待兔似的等待孩子的情绪出现，再对其一一询问，显得不切合实际。所以，通过游戏促进孩子的情绪产生，再帮助他掌握处理方式，就非常值得推荐。

瑞士心理学家让·皮亚杰主张，这个时期的孩子往往会笃信，娃娃和自然界也像人类一样拥有情绪和思想，于是对它们进行天马行空的想象，将其拟人化。也就是说，这个时期的孩子拥有非常丰富的想象力，针对这个特点，可以进行有助于解读孩子情绪和想法的游戏，如“想象游戏”。孩子在抱着娃娃玩过家家的过程中，常常会想象故事情节，将自己的情绪和思维出色地编入游戏情节之中。一起看看下面的对话。

孩子：（抚摸着娃娃）小贤（娃娃名）现在很伤心。

妈妈：哦，看起来真是如此。

孩子：因为爸爸和妈妈吵架了，他们看起来都很生气，谁也不关心小贤。

妈妈：哦。原来是这样，真是很难过。不过爸爸和妈妈应该很快就和解吧？

孩子：不会的，这次吵得很凶。爸爸大声说话的样子很吓人。

妈妈：看来，小贤肯定吓着了。

孩子：是的。非常害怕，哭得很难过，因为小贤很害怕爸爸和妈妈会分开。

妈妈：小贤哭的事情，她的爸爸妈妈知道吗？

孩子：他们不可能知道，因为小贤是躲在屋里偷偷哭的。

妈妈：其实，爸爸和妈妈生气时，偶尔难免会吵起来。但不要太担心，他们很快就会和好的。

孩子：是真的吗？

妈妈：当然了。

孩子：（抱来别的娃娃，学着妈妈温柔的语气）敏儿，饿不饿？妈妈买了敏儿最喜欢的面包。

孩子通过想象游戏，表达了在爸爸妈妈吵架的过程中，自己经历的害怕和恐惧情绪。想象游戏可以让孩子自然地表达出内心情绪。家长可以边观察边解读孩子的情绪，并判断孩子的期望。通过这样的过程，家长可以了解到孩子的内心感受，并能借此机会拉近与孩子的距离。

◉ 通过小伙伴，帮助孩子熟悉调整情绪的方法

一旦到了五岁，相比和爸爸妈妈玩，孩子更愿意和同龄的伙伴玩。虽然在更小的时候孩子也曾对同龄的伙伴表露出关注，但是并不热衷于和同伴玩耍。过去，可以说孩子更喜欢我行我素，表现出“你玩你的，我玩我的”的状态。但五岁后，孩子喜欢和同龄的伙伴一起分享玩具，也喜欢共同玩一个玩具，借此来学习一起玩耍的

能力。

五岁的孩子已经形成自己的同龄文化圈子。这时，孩子通过和伙伴的相处，学会感受和调节情绪的能力。这与父母进行的情绪管理训练有所区别。孩子在和伙伴玩的过程中，会自然地领悟到要学会调整情绪。他们通过游戏掌握一些经验，例如，如果自己独占玩具，那其他伙伴可能会因为生气而走掉，孩子通过类似的经验学会让步、共享与分享。他们也开始朦胧地意识到，即使生气了，也不可以打别人。

但这个阶段的孩子，还只停留在两个人游戏的阶段，不喜欢“第三者”插足游戏。如果三个孩子一起玩，肯定会有一个被冷落，并不是说其中两个孩子有意冷落第三个孩子，只是孩子们对于三个人一起玩耍还不是很熟悉。

和同伴 起玩时，孩子们热衷的游戏依然是“想象游戏”。想象游戏对于孩子克服负面情绪和不好的遭遇，有很大的帮助。例如，弟弟的出生“夺走”了爸爸妈妈对自己的爱，父母吵架时让孩子胆战心惊的经历……都可以在想象游戏中得到体现，通过游戏表达和发泄，以调节情绪。

◉ 问孩子意见，不如给孩子选择权

情绪管理训练并不是让家长直接把解决问题的答案告诉孩子，而是协助孩子独立寻找解决方案。孩子自己摸索解决问题的方案实在有难度时，可以这样提示他：“试试这样做会怎么样？”对于5～7岁的孩子来说，这可能依然存在难度，因为额叶尚未发育好的孩子，事实上很难独立理清思路，独立寻找解决方案。

逛街时，孩子缠着父母买昂贵的玩具，任父母怎么解释不能买给他的原因，孩子还是没法理解。这时，不如问孩子“是这样，还是那样”，给孩子一个选择权。

假设五岁和七岁的兄弟俩在屋子里玩水枪，玩得正疯时，如果对他们进行情绪管理训练，说：“我理解你们很想玩，我也认为玩水枪很有意思，但在屋子里是不可以玩水枪的。”这种情况下，估计孩子不可能听进去，应该明确地给孩子的行为划定界限。

“玩水枪要么在浴室里玩，要么出去在外边玩，不许在屋子里玩。”然后给出选项，“打算在浴室里玩，还是到外面玩”，让孩子做出选择，这种方式不会让孩子感觉受强制或压迫。由于家长不强行压制，而是给孩子民主选择权，孩子反而会有种优越感。无论孩子选择哪个答案，都在父母期望的范围之内。家长给孩子划定了明确的行为界限，不允许在屋子里玩，又提示了可行的选择方案，因此无论孩子选择哪个，都不会有问题。

情绪管理训练也应该根据孩子的年龄，选择适合的方式，才会奏效。小时候多给一些选择权，等孩子稍大后能够独立思考，并可以提出解决方案时，则可以多问孩子的意见。

◉ 解读孩子最初的恐惧感

这个阶段的孩子经历着各种各样的情绪，尤其是胆子小，所以害怕的东西比较多。一些在父母看来微不足道的事情，孩子也会夸大其恐惧的一面，时常会因为一些不着边际的事情，显露出害怕的情绪。所以，家长对于孩子“莫名”的恐惧，往往不太在意，不能及时接纳。这时千万不能因为不理解孩子的原始恐惧心理，而讥讽孩子：“净瞎操心，有什么大不了的，怕什么怕！”家长应该及时解读孩子的情绪，并充分为孩子讲解不必恐惧的事实本相，这样孩子才能恢复平静的情绪。

孩子会感觉到的原始恐惧，大致包括以下六种：

可能被抛弃的恐惧心理

白雪公主、灰姑娘……孩子们经常听到的童话故事里，经常会有这样的情节：妈妈死去，继母虐待孩子；被父母抛弃，一个人艰难地成长。孩子们尚不能很好地区分现实和虚拟故事，所以容易把故事中的主角和自己联想到一起。听到灰姑娘受尽继母虐待的情节，会觉得灰姑娘很可怜，害怕自己也会失去妈妈，在继母手里受尽虐待。

及时解读孩子的这种害怕情绪，并且安抚孩子非常重要。现实中有不少家长为了吓唬孩子，让孩子乖乖地听话，时不时地说些“你要是再这样不听话，我就不要你了”等“危言”。这种话非常危险，不管任何时候，都应该避开这类话题。家长应给孩子足够的信心，告诉他们“爸爸妈妈会永远陪在你身边照顾你”，让孩子确信父母对自己的爱永远不会改变或消失。

怕做不好的恐惧心理

孩子在和同伴玩耍时，喜欢和别人比较。谁球踢得好，谁英语学得好……他们会渐渐懂得，一样的事情，有的人可以做得很好，有的人可能会做得差一些，于是就会产生一种怕自己做不好的恐惧心理。

孩子有这种负担，做家长的也有很大的责任。他们喜欢什么事都拿自己的孩子和别的孩子做比较，即使不比较，也会时常说出“我家 ××× 真棒”。当孩子做得不好时不表态，一旦做得好时就大加赞扬，“很棒”“很好”，孩子就会在无形中产生必须做到足够好的心理压力。表扬孩子时不建议针对结果，原因就在于此。即使孩子做得不好，告诉他那也没关系，这样孩子在做任何事情时，才不会犹豫不决或担心害怕。

对于黑暗的恐惧心理

这个阶段的孩子尤其害怕黑暗，所以他们在晚上睡觉时，很讨厌关灯。对孩子来说，夜晚不同于白天，可能会冒出幽灵和鬼怪，是个可怕的世界。家长应该让孩子认识到，黑夜和白天的区别，只不过是黑夜里看不清楚而已，并没有其他改变。如果家长为了锻炼孩子的胆量，故意把孩子放在黑暗中，那孩子的恐惧心理只会被放大。

父母吵架带来的恐惧心理

父母吵架本身，对孩子来说就足以令他恐惧。孩子看到爸爸妈妈吵架，便担心爸爸妈妈会就此分开。近年来，随着离婚率急剧上升，幼儿园中来自离异家庭的孩子都很常见。孩子看到身边来自单亲家庭的孩子，再联系到爸爸妈妈吵架，就会担心自己的爸爸妈妈是不是也会离婚，那时候自己会不会被他们抛弃。

另外，孩子往往会认为，爸爸妈妈吵架是因为自己，所以，请

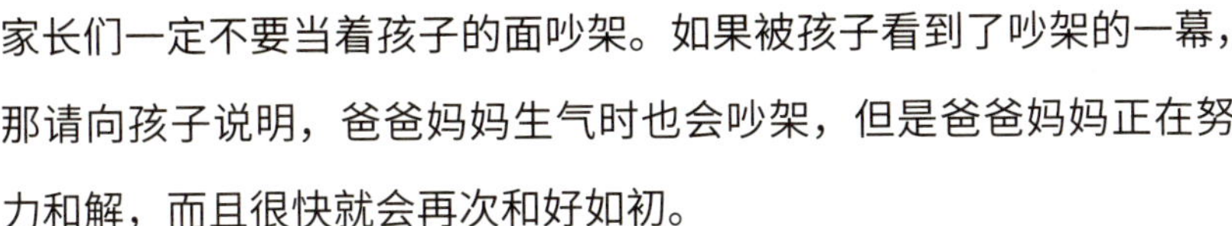

家长们一定不要当着孩子的面吵架。如果被孩子看到了吵架的一幕，那请向孩子说明，爸爸妈妈生气时也会吵架，但是爸爸妈妈正在努力和解，而且很快就会再次和好如初。

噩梦带来的恐惧心理

这个阶段的孩子经常会做噩梦，梦境多样，有时是老虎张牙舞爪，有时是从悬崖上掉下去，有时是落入水中拼命挣扎……这些都会刺激孩子的恐惧心理。

孩子做噩梦时，要告诉孩子，梦境和现实是不同的。安慰孩子，直至孩子恢复平静。当孩子做噩梦感到害怕时，要充分接纳孩子的害怕心理，告诉孩子，爸爸妈妈会在旁边保护他、守护他，以此来安抚孩子。千万不能随意地说出“那些梦有什么可害怕的”这种话，这样会一下子否定了孩子的情绪。

对死亡的恐惧

这个阶段的孩子对死亡的恐惧也非常大。虽然孩子尚不能完全理解死亡的意义，但当爷爷、奶奶去世或宠物死去时，他们同样会感到悲伤，并且会模糊地意识到，死亡是一件可怕且悲伤的事情。

这时要向孩子讲解死亡本身的意义，并安抚孩子。歪曲死亡并不是最好的办法。“别担心，你不会死的”，与其这样盲目地安慰他们，不如用平静的语气向孩子解释：“谁都可能因为事故而死去，但平时多加小心的话，是不会死的。”“一个人生命结束后，他就会回到大自然或回到天国去。”

适合四周岁宝宝的游戏

“我也能行！”鼓励孩子，让孩子信心倍增

这个时期，孩子最突出的特点就是喜欢炫耀“我也能行”“我能数到十”“我会扔皮球”“我可以自己骑自行车”。孩子的自夸自赞是很正常的现象，因为孩子与过去相比注意力的集中程度提高了，手眼的协调能力也更熟练了，无论是拼图还是画画，都比以前有了很大的进步，孩子也会对自己感到惊讶和佩服。

1．延缓满足游戏

当你告诉孩子，如果餐前不吃糖果而等到饭后再吃，就可以多拿一颗糖果。一般情况下，孩子是可以等到饭后的。用沙漏等可用肉眼确认时间流逝的方式让孩子等待，会让“枯燥而漫长的等待”变得具体，孩子也就可以接受了。

2．数字游戏

这个时期孩子大多可以从一数到十了。数数时不妨利用各种生活用品，如勺子、杯子、盘子或铅笔等，边数边整理，会更加其乐无穷。

3．猜谜游戏

讲个简单的笑话，让孩子猜出谜底。例如，“猫咪和小狗一起去学校，但猫咪突然自己跑过去了，为什么？”孩子可能会回答：“猫

咪想尿尿，憋不住了！”自己边说边忍不住笑。

4. 拼图游戏

这个时期的孩子喜欢把一件事情做到底，可以协助孩子把拼图拼完整。

5. 测量游戏

用量尺来测量孩子的身高，用秤来称体重，看看比上次长高了多少，胖了多少，做下标记，孩子会很高兴的。同样，如果在孩子生日那天或在新年伊始，在空白的纸上为孩子的手画个临摹。那在此后的每年里，就可以一目了然地观察到孩子的手大了多少。

6. “什么最……”游戏

孩子在这个时期懂得比较哪个最长，哪个最大……画画或对比物体，找找“哪个最……”会让孩子很感兴趣。

7. 运动感游戏

孩子在这个阶段可以单腿跳或用头顶接球等，单腿跳和蹦床运动能很好地促进这个阶段孩子的平衡感和运动感觉。

8. 找优点游戏

轮番说“我的优点是……”让孩子通过自我夸奖来增强自信心。这时应切记，不能对孩子的优点报以挖苦和不屑一顾的态度，应该接纳和充分认同，如“这项做得很不错，让我很骄傲”或“真不错”等。

9. 厨艺游戏

让孩子自己动手打鸡蛋、搅拌、和面，做些曲奇饼……通过这些体验，增强孩子对食物的关注和兴趣。

游戏注意事项

- 孩子在这个阶段，往往会强烈地表现出愤怒或攻击性倾向。例如，正和小朋友玩得高兴时，如果有别的小伙伴想参与进来，孩子就会说“讨厌，走开！”这时家长不要训斥孩子，可以尽量用缓和的语气来开导孩子：“宝贝和小伙伴玩得很高兴，别人来打扰所以很烦，对不对？不过，如果说得不那么难听就好了。可以告诉别的小朋友‘能不能再等一会儿，等我玩完这把，再和你一起玩，行不行？’”

- 加州大学戴维斯分校研究组曾做过一项研究，他们让孩子种植一些蔬菜，结果与其他孩子相比，这些孩子对营养表现出更大的兴趣，摄食也会更均衡。不妨借鉴一下，在庭院或阳台上弄个小菜园。

- 这个时期的孩子往往对自己的运动能力评论过高，因此常常会做出冒险的举动，以致受伤。这个阶段的孩子容易出现的意外事故中，约 80% 都属于摔伤。可以在家里的地板或游乐园的地面铺上垫子，这样不但能确保孩子的安全，还可以变化多样地进行翻滚等游戏。

- 有项研究表明，孩子坐在电视前的时间和攻击性呈正比。华盛顿大学研究中心针对年满四周岁的 12000 名孩子进行研究，结果发现，一天观看 3.5 小时电视的孩子，在小学

1～5年级时，攻击和折磨他人的概率高出其他孩子25%。看电视的时间每增加一小时，折磨他人的概率就会增加6%。所以，平时应尽量不让孩子看电视，即使是周末，也应该把看电视的时间控制在两小时之内。看电视的时间，可以用看书或运动等其他项目来代替。

适合五周岁宝宝的游戏

鼓励孩子多和同龄伙伴玩

这个年纪的孩子开始“进军”幼儿园了。好在孩子们的社会性和情绪发育都比较快，所以大部分的孩子都可以顺利适应幼儿园的生活，和伙伴们玩得很好。这时，他们不但可以接受一些规则，还可以在与伙伴玩耍的过程中制定新的规则。

1. 制定游戏规则

孩子在与同龄伙伴玩的过程中，能充分理解并遵守游戏规则。孩子们还会根据需要，改变或创造出新的规则来：“你来做这个，我来当那个！”“我们这样来做！”“捉迷藏时数到十，不许偷看！”

2. 让孩子“偷懒”

专家称，给这个年龄的孩子“无聊”的时间，对于培养创意精神和想象力绝对必要。穿梭于补习班、钢琴班、跆拳道班、游泳馆……孩子们被密密麻麻的日程安排压得喘不过气来。以这样的方式度过每一天，相当于扼杀了孩子的创意萌芽。

3. 缓解紧张的游戏

可以和孩子一起做瑜伽、放松运动与闭目冥思等。规定一个固定的时间，每天坚持一小会儿，效果更佳。

4. 探亲

孩子到了这个年纪，对于探访祖父母及亲戚会表现出十足的兴致。如果不方便探访，也可以打个电话或发个邮件，以此形成并维系良好的亲戚关系。

5. 冰箱门上贴全家福

孩子很在乎自己是谁，长相如何，在家里是什么地位，存在是否重要。冰箱每天都要被开启无数次，如果在冰箱门上贴上全家福、个人照片或具有特殊意义的照片，会让人感到暖意融融。

6. 读书

孩子有简单的阅读能力，但依然喜欢大人陪伴他读书。长句子可以由妈妈来读，短句子由孩子来读，也可以爸爸、妈妈加宝宝，动员全家来读书，这些活动都是十分有益的。

游戏注意事项

- 在这个阶段，如果跟孩子讲清楚游戏规则，他就已经可以很好地理解了，不会像过去那样任性耍脾气了。如果对孩子的

情绪能够更关切地询问和倾听，给孩子足够的尊重，那孩子也会懂得倾听和尊重他人。

- 孩子上幼儿园后，不再像过去那样天天和妈妈在一起了，有了自己的朋友，和朋友共度的时间更长一些。虽说他们依然会听爸爸妈妈的意见，但也会在乎朋友的意见。孩子所在意的事情，不仅仅限于核心家庭，而是扩大到爷爷、奶奶、叔叔和阿姨等家族范围。另外，对自己是什么时候、怎么出生的，会表现出浓厚的兴趣。

- 懂得分辨是非。在多子女的家庭中，如果家长偏爱弟弟，孩子就会说:“这不公平！”暂且不论孩子的判断是否正确，至少对孩子观点所包含的情绪，我们应该持认同和接纳的态度。如果孩子抱怨:“老师为什么只对我大喊大叫，好像唯独讨厌我！”家长可以这样说:“你觉得这个老师唯独不喜欢你时，你的心情是怎样的呢？”通过这种方式，认同孩子此刻的情绪。

- 这个阶段的孩子可以理解规则的含义，所以喜欢玩规则简单易懂的游戏，通过这些游戏来学习有关遵守规则的内容。对孩子来说，身教重于言教，相比言教型的规则讲解，孩子更愿意遵从并理解身教型的规则解释。因此，大人是否言行统一非常重要。

小学生，轻蔑感和羞耻心是禁物

学校不同于幼儿园。在幼儿园中只是体验最基本的社会关系，而上了小学，孩子体验到的社会经验会复杂得多，体验新情绪的机会也多了许多。这时，随着大脑前额叶的发育，孩子可以做出一定的理性判断，自我调节情绪的能力也提高了。但是毕竟年龄还小，对于某些瞬间型的情绪冲动，孩子还是无法很好地调节。

小学生很在意别人对自己的看法，尤其讨厌成为朋友的笑柄。但有趣的是，他们在担心自己成为别人笑柄的同时，也会参与到取笑别人的行列之中，具有双重表现。

不同年级的小学生，表现出的特性也不相同。因此应根据孩子的特性，配合相符的情绪管理训练。小学 1 ～ 2 年级与 5 ～ 6 年级的孩子相比，无论是理性还是情绪方面都存在着很大的差异。所以，根据不同年龄段进行合理的情绪管理训练，可以避免青春期可能会出现的多种问题。

◉ 小学一二年级：别吝惜你的鼓励和赞扬

到了小学一二年级，孩子的社会能力正式开始发展了。孩子们喜欢活动，并且喜欢具有一定规则的游戏。但由于竞争意识强烈，他们希望能赢，哪怕在游戏中采用一些小骗术也在所不惜。由于自我主张过于强烈，所以在游戏的过程中不善于同他人协同作战。虽然这个阶段的孩子开始对他人的情绪怀有兴趣，却不能意识到自己的行为将会给他人带来什么样的影响，因此朋友之间经常会发生情绪冲突事件。玩得好好的，突然闹别扭或发脾气的情况时有发生。

另外，孩子们急于被他人认同，所以这个阶段的孩子非常喜欢被他人关注和受到赞扬。有时候自己玩得好好的，一旦有别人出现，他们就会撒娇、耍赖，表现出孩子气的一面，这样做完全是为了吸引他人的注意力。

这时如果对孩子表现出足够的关注，并且赞不绝口，孩子便很容易敞开自己的心扉。由于他们喜欢对话，因此一旦他人能认同自己的情绪，便很容易开始对话。

下面是针对小学一年级学生的情绪管理训练案例。由于极强的竞争心理没能获得有效地控制，最终发泄出来。孩子率直地表露出自己的情绪，通过努力独立摸索出解决方案，这本身足以让人感到欣慰。

妈妈：明斌，出什么事了？

明斌：本来我可以得第一名的……

妈妈：什么意思？

明斌：是恩承突然从后面把我推倒的。

妈妈：哦，是这样。在哪儿摔倒的？疼不疼？

明斌：操场……还行，不是很疼。

妈妈：怎么会不疼？摔倒的话一定很疼。

明斌：其实，摔得并不严重，不疼。我是因为没能得第一……

妈妈：哦。不是因为摔了一跤疼，是因为没得第一啊。

明斌：是的。

妈妈：那你现在感觉怎么样？

明斌：总之，很糟糕，很生气。

妈妈：哦，心情很糟糕，很生气。

明斌：是的。

妈妈：不过，恩承为什么会在后面突然推你呢？

明斌：因为他也想得第一名呗。

妈妈：哦，你是说恩承是为了得第一才会这样的？

明斌：其实，刚开始我也推了他，不过推得很轻……

妈妈：哦，开始时你也推了他，轻轻地……

明斌：是的。

妈妈：孩子，你不是在跑步比赛中已经拿过第一了吗？

明斌：嘿嘿，是的。

妈妈：今天是因为被恩承推倒了，所以没能拿第一，才会生气、上火的，是吗？

明斌：嗯。

妈妈：这种心情叫“委屈”。本来可以拿第一名，因为别人而摔倒了，没能拿第一，所以觉得很委屈。觉得委屈时，有时还会忍不住流眼泪呢。不过孩子，有没有其他办法可以缓解这种委屈的感觉呢？

明斌：嘿嘿……

妈妈：你笑了，看来你一定有什么好主意了？

明斌：嘿嘿嘿，我不去推他了，俩人再好好比一次！

妈妈：哦，你觉得这样能让心情变好是吗？

明斌：是。

妈妈：那打算什么时候比？

明斌：现在就比！我去跟他说！

妈妈：好，去吧。

适合六周岁孩子的游戏

鼓励孩子和同龄伙伴一起玩

这个阶段的孩子适应新环境的能力令人惊奇，而且对于各种活动都充满了兴趣。既喜欢集体运动，也喜欢收集个人喜欢的东西，热情高涨，相当执着。这个时期的孩子就像一个小太阳，充满了活力和能量，以至于大人都无法承受孩子的旺盛表现。这十分正常，尽可以放心。家长可以多找一些能让孩子投入热情和精力的活动。

1.“我喜欢的……”

“我喜欢的颜色是……”“我喜欢的水果是……”“我喜欢的动物是……”“我喜欢的朋友是……”通过这样的游戏来了解孩子喜欢的世界。在家可以和家人一起玩，在学校可以和同学们一起进行。

2. 学外语游戏

教育专家主张，这个阶段的孩子学习外语具有极大的优势。孩子在一定程度上已经形成了对母语的语感，对新的语言也会保持新鲜和好奇，有足够的学习空间。

3. 认同游戏

这个时期的孩子能够对他人的情绪感同身受，可通过读书来培养他们的情商，这个阶段也是孩子读书的“黄金时段”。

4. 帮忙做家务游戏

妈妈做好可口的饭菜，孩子帮忙摆碗筷；饭后爸爸刷碗时，孩子擦桌子。通过这种家务分工游戏，培养孩子的集体意识。

5. 整理抽屉

这个阶段的孩子喜欢分类和整理，如将勺子和筷子进行分类，把袜子和衬衣进行分类，将叠好的袜子或毛巾等放在指定位置。家长和孩子一起分类整理，不但有许多乐趣，还能分担家务，让孩子体验到成就感和自我价值感。

6. 换衣服游戏

孩子有时候喜欢套上爸爸妈妈的衣服或鞋子，如果不怕孩子弄脏、弄坏，完全可以让孩子试穿一下。也可以预备万圣节服装，邀请朋友一起进行即兴的角色表演。衣服、帽子和围裙等都可以成为很好的游戏素材。

7．假面游戏

孩子喜欢角色剧。制作动物面具或童话故事里的人物面具，进行小型演出，是个不错的主意。可以让孩子们自然演绎出不同性格的人物，这将给孩子的性格塑造带来好的影响。

8．互背游戏

孩子们特别喜欢照顾他人，可以进行互背游戏，轮番背对方。

9．学校游戏

孩子们对于轮流扮演老师和学生的游戏很感兴趣。通过这个游戏，也可以了解孩子内心的概念世界。例如，通过老师认真教学或严厉训斥孩子的内容，了解孩子内心对于老师、学习、学校、朋友、学生和自己等概念的认识。

10．串珠游戏

串小珠子非常费劲，但是串稍大一些的珠子，难度就会小很多。这个游戏可以促进孩子肌肉的发育，使之灵巧、发达。

游戏注意事项

- 研究表明，这个年龄段约有92%的孩子热爱读书，其中40%的孩子每天都会读书。德克萨斯大学和哈佛大学的研究中心证明，每天将电视收看时间缩短在两小时以内，就会促进阅读量的增加。想为孩子营造良好的读书环境，家长首先就应该热爱读书，并且用书桌代替卧室里的电视与电脑。

- 孩子愿意为自己挑选衣服。去商店购买孩子的衣服或准备第二天要穿的衣服时，妈妈不必每次都替孩子做主，可以让孩子自己挑选，并尽量支持孩子的选择。例如，寒冷的天气里孩子执意要穿较薄的衣服，在询问过孩子理由之后，如果认为合理，也可以同意孩子穿薄衣服。孩子的审美观和选择不一定符合大人的心意，但家长应该意识到这是孩子尝试自己选择和决定的锻炼过程，重要的是让孩子通过反复尝试来开阔眼界。
- 在这个年龄阶段，孩子的肌肉发育尚不完善，因此有不少孩子认为写字练习有难度。给孩子营造一个轻松的学习氛围，让写字像游戏一样轻松，让孩子用多种款式的笔练习写字，再逐渐过渡到铅笔。

适合七周岁孩子的游戏

让孩子进行可以提高社会意识与经济意识的游戏

这个阶段的孩子头脑中充满了悖论和矛盾。时而抱着娃娃像个天使一样乖巧，天真无邪；时而冷不丁插入大人的对话，活像小大人一样老到；有时为了朋友可以两肋插刀，有时又翻脸背叛朋友；

有时哼唱着童谣，有时又高唱起流行歌曲。总之，让大人捉摸不透。

不过，这时候孩子已经可以把字写得比以前更整齐了，也会认钟表了，并且产生了时间的概念。遇到不懂的事情，懂得上网查找答案了。情绪方面，无论对于周边环境还是自身，都能够了解得更多一些，而且表达能力也提高了许多，如会说“老师留了很多作业，我很累”这样的话。

1. 积木游戏

这个阶段的孩子喜欢高难度的积木游戏，也喜欢能搭建成型的模型。有时会主动寻找一些富有挑战性，并且能体验到成就感的游戏。相比大人帮他们安排游戏，让孩子自己来寻找和选择，效果会更好一些。

2. 学乐器

专家称，这个时期学习钢琴或吉他等乐器会很有效。孩子不但对节奏、拍子和旋律等深感兴趣，还会对音乐表现出热爱，并且能够在一定程度上理解音乐的内在规则。随着乐器教学程度的加深，孩子也会因为演奏能力的提高而产生成就感。

3. 画图表达

暂且不评论孩子的画画水平，我们应该看重的是，孩子可以通过画画自如地表达内心的想法和感受。

4. 集体运动

这个时期孩子对棒球和足球等集体活动表现出浓厚的兴趣，可以选择孩子喜欢的项目进行训练。集体项目对培养孩子的团队协作能力、友谊与责任心等，有积极的效果。

5. 经济类游戏

领工资、储蓄和采购等经济活动类小游戏，很受这个阶段孩子的喜爱。通常孩子们会玩得不亦乐乎，进行一两个小时也不会觉得枯燥，依然兴致勃勃。可以给孩子买个小猪存钱罐或办个银行账户，增强孩子的经济意识。

6. 挣零用钱

孩子想给朋友准备生日礼物时，可以鼓励他积攒零用钱，也可以鼓励孩子做些曲奇饼参加基金筹款义卖活动。

7. 社工活动

和父母一起上街捡废品、给独居老人送盒饭等体验活动，对孩子的人格发育非常有帮助。尤其是当他意识到自己为他人做了有益的事情时，其感恩心理、自豪心理、关爱心理和自信心等都会得到不小的提高。

8. 茶会游戏

这个阶段适合向孩子灌输礼仪和礼节方面的内容。女孩通过茶会学习邀请和受邀方面的礼节内容，男孩则通过每一次的餐桌礼仪活动及生日、节日等特殊日子的庆祝活动来体验特殊的餐桌礼节文化。

9. 个人运动

自行车、旱冰、游泳和跳舞等，都是这个时期适合进行的体育项目。平时可以多观察孩子对哪方面运动有兴趣，从孩子喜欢的项目着手培养。

游戏注意事项

- 这个时期的孩子可能今天还称兄道弟，明天就反目为敌，人际关系起伏较大，容易闹别扭，也容易受到伤害。孩子的自我意识在同龄关系中逐渐形成，因此与同龄伙伴们玩耍是非常重要的事情。孩子们有时会因为大人不知晓的琐事而竞争或嫉妒，应该通过情绪管理训练来引导孩子正确理解自己和他人的情绪，帮助他们独立寻找解决问题的方法。

- 这个阶段的孩子很怕自己和同龄伙伴“格格不入”，也害怕被人冷落和取笑，并且对这类事情表现得非常敏感。家长可以通过情绪管理训练帮助孩子顺利度过这个敏感时期，这样孩子就会形成更巩固、稳定且丰富的同龄关系。

- 性教育在上幼儿园时可能已经进行过了。但这个时期，可以结合身体来更具体地说明，让孩子更容易理解。孩子对于性不过问，并不说明他们对此不感兴趣，只是因为被灌输了性话题为禁忌的暗示。家长可以坦然告诉孩子，对性的好奇和关心并不可耻，可以向父母询问感到好奇的事情，给孩子提问的机会。如果无法回答，则可以一起查阅相关书籍或浏览网页来寻找答案。研究表明，丹麦孩子在七岁时便知道孩子是怎样出生的；英国孩子平均在九岁时，便了解了自己的出生过程；美国孩子则平均在 11 岁时会明白。对于性知识的认识，相比身体的发育，更受文化的影响和牵制。

◉ 小学三四年级：帮助孩子自行辨别是非

小学三四年级的孩子会表现出旺盛的精力，他们总是一刻不得闲，而且充满了好奇心。对人表现出极大的关心，开始明白人和人是互不相同的，有时也会因为自己与他人不同而陷入苦恼之中。这个时期的孩子骨骼发育尚不完全，当然，有些孩子也会比同龄人发育得快。孩子对于自己比他人早熟会感到害羞、难为情。当孩子表现出这方面的苦恼时，应及时接纳孩子的情绪，并且向孩子说明，身体发育有个体差异，不必苦恼。

朋友相处方面开始划定界限。虽然喜欢大家一起玩，但也会按照自己的喜好来结交朋友，表现出只愿意和好朋友玩的倾向。这时，孩子对朋友关系非常看重，要是遭到冷落，就会受到很大的伤害。即使不被朋友们冷落，如果有人取笑他，也会让他非常难受。听到老师和家长的训斥或挖苦，会表现出厌恶感。所以，孩子就会急于模仿大人世界的规则来处事，由于大人的规则和孩子的规则存在差异，孩子在实践中会面临两种不同规则的冲突，于是孩子就会陷入矛盾之中。

此时孩子的前额叶已经发育，具备了一定的判断力，能够独立制订计划，也愿意按照自己的意愿来决定事情。对于成败，懂得自我分析和评价；对于是非对错，表现出强烈的反应。因此，大人对孩子进行情绪管理训练时，应该尊重孩子的意见；通过充分沟通，帮助孩子自我判断和决定对错。

下面的例子中讲到一个被别人取笑的孩子难过地跑出教室，最

终通过情绪管理训练得以圆满解决。这个阶段的孩子喜欢互相取笑，或从中取乐，或倍感难过。这时不应该一味地教训孩子不要取笑同学，更有效的方法是解读孩子的情绪，让孩子自己思考怎样才不会被人取笑，最终使其独立找到解决矛盾的方法。

老师：敏虎看来是气坏了。

敏虎：呜呜呜……

老师：老师知道你难过。不过，究竟发生什么事了？

敏虎：（似乎还在气头上）我什么也没做，但是圣宇总取笑我是傻子，所以才会难过。

老师：哦，敏虎没有得罪人，但是圣宇总是叫你傻子，这让你伤心了是吗？

敏虎：是的（已止住不哭）。

老师：圣宇平时是不是总这样取笑敏虎啊？

敏虎：是，经常会说我傻。

老师：哦，经常如此。每当这个时候，你心情怎么样呢？

敏虎：既难过又生气。

老师：既难过又生气。

敏虎：是。

老师：你觉得圣宇为什么每次都会取笑你傻呢？

敏虎：可能是因为我学习不好吧？

老师：哦，原来是因为敏虎学习不好。那敏虎讨厌学习吗？

敏虎：不讨厌，只是有时候学不明白。

老师：是有时候不太理解是吧？敏虎最喜欢哪个科目呢？

敏虎：语文。

老师：原来你喜欢语文课，老师也喜欢语文。那其他科目呢？

敏虎：数学比较难。

老师：感到数学难。每当你不理解时，是怎么解决的呢？

敏虎：就那么待着。

老师：就那么待着，这样对你会有所帮助吗？

敏虎：不会，没有帮助。

老师：那你觉得不理解的部分怎样才会解决呢？

敏虎：可以找老师问清楚。

老师：是啊，可以问老师："老师，这部分不太理解，再给我讲讲吧！"

敏虎：嗯。

老师：敏虎如果数学能再提高一些，学习再下点工夫，那圣宇就不会再取笑敏虎了吧？你认为呢？

敏虎：嗯，对。

老师：但是敏虎，如果下次他还喊你"傻子"，那怎样才能把你生气的心情转达给他，让他以后不再取笑你了呢？

敏虎：我会用功学习。如果圣宇还取笑我，我就告诉他以后别再叫我"傻子"了。

老师：嗯，这样不错。可以告诉圣宇，你不喜欢这样。如果你能坦率真诚地告诉他你的想法，那老师相信，圣宇就不会再说取笑你的话了。

敏虎：嗯。

老师：我相信你能做得好。现在心情好多了吗？

敏虎：是的。

◉ 小学五六年级：温柔地包容孩子的不安心理

这个阶段，孩子开始出现叛逆心理。相比听从大人的安排，他们更喜欢按照自己的方式进行尝试，并憧憬着独立，但也会隐约期待着大人的关心和支持，具有双重性。他们依然对自己是否被称赞和关心表现得很在意。但为了考验老师和家长的界限，偶尔会故意惹是生非，走向歪路。不管大人讲什么，都会不耐烦地说“知道了，别说了”，令大人很头疼。开始懂得用客观的眼光看待世界，所以对大人的做法也会抱着批评的态度来看待。

他们在一点点了解陌生的大人世界过程中，有时会觉得自己也长大成人了，而他们依然摆脱不了来自孩子世界的情绪波动和不安。有时会觉得自己像个汉堡一样，夹在大人和孩子之间，从而感到不安。因此，情绪起伏很大，也不善于调节情绪。

此时孩子的同龄人文化会更具有集体色彩。喜欢结群玩，分组游戏，也喜欢追随那个年龄的潮流。开始对异性产生兴趣，也开始体验到单恋的滋味。做事力求完美，做不好就会感到挫败感和愧疚感。为了不被别人窥见自己脆弱的内心，往往在缺乏自信时显得更张扬。由于孩子有时故意掩饰他们的情绪，因此在解读孩子的内心时，应该更深入和细致。

到了小学五六年级，孩子便进入了青春期，青春期的一些特征也开始出现，因此更需要家长的情绪认同。由于孩子正处在情绪起伏较大且不安定的阶段，因此情绪管理训练会有些难度，如果不经过细致观察就轻易说教，十有八九会失败。

适合 8 ～ 11 岁孩子的游戏

自然体验，是最好的游戏方式

这个时期，孩子可以自己穿衣、洗脸、洗头和吃饭，似乎自己能独立完成的事情一下子多了起来。但是，这个阶段的孩子依然需要父母的关心和爱护，依然渴求充满爱意的身体接触。孩子能够游刃有余地同大人对话，也能够做出让步和妥协。和自然界的接触多了起来，兄弟姐妹之间的竞争意识和团队意识也发展到极大化。孩子开始有了独处的需求，对于外貌和身体也更注重了。

1. 洗衣服游戏

孩子已经不再对过家家之类的游戏感兴趣了，这时可以给他们真实的衣物，教他们分类洗涤及如何使用洗衣机。相信孩子会抱着兴趣，尽力做好。

2. 观察大自然

孩子喜欢在大自然中体验和观察，享受快乐。喜欢在周末或假期时带着望远镜和手电筒，到附近的山里和海边，搭帐篷、野游、

钓鱼或攀登。养一些鸟、鱼、猫、狗等宠物或花草，对培养孩子的责任感及促进沟通能力都会十分有益。

3. 写日记

这个阶段可以开始写日记，预备一个个人专用的记事本。通过记录自己的想法和情绪，能够很好地梳理情绪。

4. 独处

在屋子的一角，用大纸箱给孩子做个个人空间，让孩子有个自由想象、画画和唱歌的地方。尤其是在情绪激动时，孩子也需要一个暂时独处的地方，好让自己调整呼吸，恢复平静。

5. 跑腿

给孩子列个购物清单，让他到附近的超市买些东西；也可以让孩子做一些打扫房间等简单的家务。这对于提高孩子的自信心，十分有益。

6. 培养个性的游戏

可以让孩子做一些能够彰显自我个性的事情，如制作饰品、换个新发型或改变穿衣风格等。

游戏注意事项

- 美国国立生态财团建议，每天给孩子一个小时的“绿色时间”。他们称，相比过去 20 年，如今的孩子每周用于学习的时间多出了 7.5 小时，而在大自然中度过的时间缩短了两个小时。和大自然接触的时间越多，孩子就会越健康、幸福且聪明。

- 这个时期的孩子，乐观性格和悲观性格会形成鲜明的对比。性格悲观的孩子往往把事情失败的原因怪罪于自己，认为悲观的状态是不可改变的，也会影响到其他事物，这类孩子经常会表现出忧郁和厌事（对什么都不感兴趣）的情绪。而乐观的孩子却不同，他们认为任何不乐观的情况都会有所改变，他们不会凡事怪罪自己，表现得积极努力，也不会因为一件事情失败就认为所有事情都变得很糟糕。乐观和肯定的态度，是可以学习的。如果能给予孩子足够的包容、倾听和认同，那孩子会感到被他人尊重，继而自然地恢复积极乐观的状态。

- 兄弟姐妹之间互相竞争和争吵是常有的事，这时父母不应该以仲裁者的身份出现，而应单独为每个孩子进行情绪管理训练。建议从情绪表现更为激烈的孩子开始，但也不能冷落另一方，最好事先向另一个孩子说明，得到他的认可：“一会儿你也会有解释的机会，等等我，可以吗？”情绪管理训练必须单独进行，才会有效。

- 有宗教信仰的家庭，这个时期会通过让孩子学习教理、读《圣经》及接受洗礼等方式，使孩子有规律地参与到宗教活动中，培养孩子的灵性。也可以在逢年过节或恰逢生日时，一家人商量怎样度过有意义的日子，营造“共建家庭文化”的氛围，这些都很值得推荐。

澎湃起伏的青春期，认同最重要

青春期是孩子与家长都感到困惑的非常时期。孩子开始有了自己的苦恼，不断地思索一些有关自我存在的问题，例如，“我是谁”“我到底要做些什么”等，开始寻找自我。青春期之前，在孩子看来理所当然的一切，此时会被他们全盘否定，从而陷入彷徨与混乱之中。

面对处于青春期的孩子，父母也会时常感到困惑和无奈。尽管他们在小学时偶尔也会“反抗”一下，但大部分情况下还是很听话和乖巧的，如今却公然开始“反抗”了。这些一天到晚反复无常的孩子会让家长感到束手无策，不知如何与孩子交流。孩子过于敏感和叛逆，甚至会让家长透不过气来。

在这个时期，家长想要洞察孩子的情绪状态并及时加以引导，会变得困难重重。但要记住，青春期的情绪管理训练是非常重要的。如何度过青春期，将对孩子的未来人生起着决定性的作用。

◉ 青少年的莫名行为，都源于大脑

“贤载，帮妈妈去超市买瓶香油，回来的路上再到文具店买个信封！”

青春期的孩子不同于小学时，不再会每当妈妈让去小卖部跑趟腿，就立刻兴高采烈地帮忙。青春期的孩子即使肯跑腿，也会显得心不在焉，经常会丢三落四。要么买完香油就直接回家，要么就直奔文具店，拿着信封就匆匆回来。对于孩子的漫不经心，妈妈忍不住要数落几句：“怎么搞的？这么点小事，一会儿工夫就给忘了？”孩子听到这里，会立刻如同小狮子一样暴跳如雷，把家里弄得鸡犬不宁。

通常，家长对于孩子的这种态度和反应，会觉得陌生且难以理解。他们不明白，不过才几分钟的工夫，孩子为什么就能把刚才的话给忘得一干二净。进而怀疑，难道是孩子成心将妈妈的话丢到脑后不顾？

请家长无论如何记住一点，青春期的孩子并不是成心这样做，这一切只是因为这个时期的“大脑”在搞鬼。青少年的“大脑”与儿童的“大脑”及成人的“大脑”有区别，思考和进行判断的“大脑”是在“额叶”部分。

直至 20 世纪 90 年代中期，人们都认为额叶在十三四岁时就发育完全，之后只是储存经验而已。但最近人们有了新的发现，认为额叶在进入青春期后会进行大规模的重塑工程，也就是说，十三四岁时发育到一定程度的额叶，在这个时期将进行全新的结构改造。

如果你看过重新翻修的建筑物，就能想象出青春期的大脑处于什么状态。处于重新翻修期的建筑物凌乱得不堪入目，到处散放着各种建筑材料，到处都是改造工程带来的千疮百孔。大脑回路由于没有连接在一起，因此在重塑工程完工前，是很难进行全方位思考的。这时要做出某种判断、决定优先顺序、预测和事先计划某件事，就会感到吃力。这就是青春期的大脑状况。所以，孩子能一次圆满地做好一件事，作为家长应该感到庆幸。

青春期的少年往往会做出一些让大人琢磨不透、难以理解的怪异行为，大部分也是大脑的额叶正在进行重塑的结果。从某种意义上讲，青少年的额叶甚至还不如小学生的额叶。小学生的额叶虽然只能进行简单的思考与判断，但还没有进入重塑期，所以做事还能确保稳当。至少儿童期的孩子能理性地意识到上学不应迟到，要听老师的话，要按时完成作业等规则。

但青少年的额叶正处于尚未连接好的混乱状态，所以很难做出理性的判断。但是大人往往因为孩子在外形上发育得接近于成人，就误以为他们已足够成熟，理应可以做出成熟的判断。其实，青少年的身体虽然发育得像成年人一样，但大脑还没有完全发育好。家长与青春期子女之间的矛盾，大部分都是源于家长对于青春期孩子大脑发育的错误认识。只有正确地认识和了解这个阶段孩子的大脑发育特征，才能真正理解青春期孩子表现出来的特有行为。

◉“情绪大脑”控制额叶的扩大重塑

到了小学四五年级时，孩子额叶的发育可以比喻为约 66 平方米的公寓，已经具备了按时上学、回家、写作业、遵守约定、跑腿和买东西的能力，但还远不能处理好成人世界里复杂的政治、经济、社会、文化及人际关系等事务。所以进入青少年时期后，孩子的大脑就会进行大规模的扩大重塑。

随着青少年时期进行的重塑工程方式不同，额叶可能会建成 99 平方米的房屋，也可能建成 165 ～ 198 平方米的房屋，甚至建成 330 平方米的房屋也是可能的。既然是难得的重塑工程机会，那就要尽量建造得既宽敞又结实。

在这个时期，每天都会不断地形成新的神经元，使大脑的灰色神经组织在一年时间里增大两倍。其中，被烙印为记忆的东西就会保留下来，而从未应用过的东西就会趁此机会消失掉。也就是说，强化了优质的经验，就能建造成宽敞又结实的大房屋。21 世纪，人类平均寿命为 100 岁的长寿时代已经来临，今天的青少年至少还要生活 50 ～ 80 年。为了使孩子将来能够过上更快乐、舒适的生活，一定要好好把握这个重塑机会，用心进行重塑工程。

为了达到这个目标，就需要配置优质的材料。优质的材料可以通过丰富多彩的良好经验来获得，它不仅包括学校的学习生活经验，还包括读书、看电影、旅行和体验新生活等其他经验。认识各种各样的人，与他们交流各种想法，和他们和谐共处，进行多样的体验也很重要。具体方法是，让孩子多参加社团活动，如做义工或参加各种野营活动等。

更重要的一点是，在体验这些丰富的经验时，一定要保持积极乐观的心态。如果在这个过程中掺入了一些负面经验，如被父母强迫去学习、受到严厉的批评、被迫做运动、参加竞赛或比赛时落选而感到挫败感等，那他们在将来再次遇到类似的情况时，就会感到

莫大的压力，很难充满自信地迎接挑战。尤其在青少年时期，虽然额叶尚未发育完全，但情绪的大脑却非常活跃，所以更容易出现恐惧、不安、羞耻和负罪感等心理创伤，让孩子变得脆弱。

刚出生婴儿的大脑约有一千亿个神经元，这些神经元只有经历感受性经验时才会舒展开来，并开始活动。在经历丰富多彩的经验、受到刺激时，神经元会连接到一个神经元与另一个神经元相接触的部位——“突触”，并展开活动。

若想将一千亿个神经元激活起来，就需要充分的刺激。如果刺激不充分，众多的神经元就会慢慢退化直至消失。我们建议给孩子多创造一些机会，理由也在于此，目的在于让他们通过各种丰富的经验不断增加新感受，使主管情绪的大脑更发达。

但非常不幸的是，国内大多数青少年在这个时期都守在书桌前温习功课，错过了锻炼负责情绪大脑发育的重要时期。由于社会的压力，功课好和未来有出息成了这个时期孩子的最大目标及课题。别说旅行和与朋友玩耍，就连自由的读书时间也都被剥夺了，过于贫乏的体验和经历，根本不足以刺激负责情绪的大脑。如何与他人沟通？处于激动状态时如何调节自己的情绪？失去了学习这些处理问题的机会，主管情绪的神经元就只能消失了。说到底，一天到晚只顾学习的孩子，当除了学习再没有其他方面的经验时，大脑的重塑就会受到很大的限制。

◉ 反复无常？大可以完全包容

青少年的情绪起伏非常大，心情稍微好一些时，就仿佛拥有了全世界；一旦心情不好，哪怕只是芝麻大小的郁闷事，他们也会伤心难过，仿佛世界末日一般。可以说，青少年的心情在十分钟之内可以从天国一下跌入地狱里。接到自己喜欢女孩的电话时，兴奋得不得了；听到死党在电话里告密，“她好像更喜欢永哲”，就仿佛一下子跌进了冰窖，继而变得伤心欲绝。

尽管父母早已做好了无条件接纳孩子“反复无常”的心理准备，但实际遇到这种情形时，他们还是会显得手足无措。短短几分钟，孩子的情绪从一个极端走向另一个极端，而家长又不好就此发火，不确定到底要接纳孩子的哪一种情绪，也真够为难家长的。

其实，青少年的情绪起伏大是有充分理由的。也许是因为主管情绪的大脑正处于活跃期，也可能是因为青春期调节情绪的血清素分泌不足。血清素的作用为帮助我们平静情绪，减轻急躁，使人感到愉悦和幸福。

研究表明，青少年血清素分泌量比儿童和成年人少约 40%。作为成年人，如果其血清素分泌量比平时减少了约 40%，将被诊断为抑郁症患者。由此可见，血清素大大低于成年人的青少年，时常感到情绪不稳定、起伏大也就不足为奇了。

如果我们了解了青少年激素分泌的特点，那么理解孩子的情绪反应就会变得容易一些。家长要理解孩子经常烦躁、发脾气及忧郁，都是血清素的分泌量不足所致。要安抚孩子的情绪，帮助孩子平静下来，家长首先要做到完全接纳和理解孩子多变的情绪。当孩子因为一些在成年人看来无所谓的事情烦躁时，不要批评孩子：“你怎么总为那些没什么大不了的事情发牢骚？”要知道，青春期的孩子情

绪变化无常且容易激动是一种正常现象，只要大人认可并安抚孩子，孩子的心情就会平静下来。主管情绪的大脑平静稳定了，额叶就会活跃起来了。

◉ 解读青春期睡眠

对于青少年来说，睡眠非常重要，而家长与青春期的子女最容易引起冲突的问题之一就是“睡眠”。孩子要上学，又要去培训班，睡眠质量急剧下降，家长看到孩子坐在课桌前直打盹儿，心里肯定会不舒服。孩子在学校里的表现更让人担忧，上课时间打盹儿的孩子占绝大多数，有的孩子干脆公然趴在桌子上睡觉。老师经常抱怨，因为上课睡觉的孩子太多，一个一个叫起来会影响正常授课。

研究结果表明，青春期的青少年每天要保证 9 小时 15 分钟的睡眠，这样才能保持大脑的正常运行。如同婴幼儿需要大量的睡眠一样，青春期的孩子比儿童或成年人更需要睡眠。若想使大脑的各条通道构建完好，就需要充足的睡眠。如果不能保证充足的睡眠，这项工程只能称为“豆腐渣工程”了。

然而，很多青少年都处于慢性睡眠不足的状态。不必说高中生，就连初中生一天也很难保证六小时以上的睡眠。因为比正常的睡眠时间少三个多小时，所以孩子总是处于身心疲惫的状态。要知道，睡眠不足时，人就会变得忧郁、烦躁，做什么都提不起精神来，更容易感觉压力大，不容易控制自己的情绪。本来青少年就因为血清素分泌量不足而情绪起伏大，再加上睡眠不足，为那些“没什么大不了的事情”而感到烦躁或发脾气就在所难免了。

还有一点，青少年的早觉特别多。夜里特别精神的孩子，一到早晨就困得不行。曾经以全球的青少年为对象，进行过“青少年的睡眠生物钟”研究。首先将外界的光线完全遮挡，让室内感觉不到时间的变化，然后让孩子自由来定睡眠及起床时间。结果，大部分青少年在凌晨三点睡觉，中午 12 点起床。这说明青少年感到最舒适的睡眠周期是在凌晨三点到中午 12 点。

成年后，睡眠时间会转入正常时间。从上面的实验可见，青少年早觉过多是他们特有的正常生理现象。如果了解了这些，明白青少年时期由于生理特点需要大量的睡眠，尤其是清晨的睡眠，那就不难理解他们的嗜睡表现了。早晨不用妈妈叫醒，就能按时起床的孩子太少见了。大多数的孩子都是叫了多次也醒不了，直到妈妈失去耐心大吼一声，才不情愿地勉强起床。如果不了解青少年的睡眠需求，那么家长肯定会说：“也没怎么学习，怎么就这么多觉？”“昨天又玩电脑玩到很晚吧？你什么时候才能懂点事呢？唉，真是个小冤家呀，冤家！”

家长要理解子女因为睡眠不足而疲惫不堪且烦躁的心情，如果这时妈妈安抚孩子一句“累坏了吧？还想再睡会儿吗？妈妈像你这么大的时候，也总因为睡不够而苦恼”，孩子即将爆发的怒气就会慢慢平静下来，从而变得心情舒畅。

◉ 多给孩子切身体会的机会

青少年正处于额叶重塑的施工期，所以理性地与孩子交流，很难让其接受。因此要想帮助孩子，不管什么事情都要先通过主管情绪的大脑，使其在额叶上留下记忆。这时通过亲身体会去领悟，才是最有效的方法。

对于生活经验丰富的大人来说，事情的对与错，各种问题的解决方式，面对选择时应做出的抉择全都一目了然，所以他们无法眼看着孩子走入迷途而袖手旁观。但家长无论怎样尽力阻止都无济于事，与其说孩子不听大人的劝告，不如说因为青少年的大脑特征才导致他们根本听不进去。

据统计，在美国出生的新生儿中，有 1/3 是未婚妈妈所生，而且青少年怀孕成为未婚妈妈的情况不计其数。在这种情况下，美国政府要照顾未婚妈妈和她们的孩子变得越来越吃力，以至于他们会想尽办法阻止未婚妈妈生育。他们曾教授年轻女性避孕的方法，实施过补偿政策，全都无济于事。但是，当让青少年体验亲自抚养孩子时，效果显现了。

为青少年准备了已编好程序的仿真人电脑孩子，让其照顾电脑孩子一周。结果，青少年由于要照顾哭闹不休的孩子，睡不好觉、上不好课，受尽各种痛苦的折磨后，这些大孩子们才领悟到养育孩子的艰辛。无论大人怎样说明未婚妈妈养育孩子的辛苦都听不进去的青少年，只要真实体验一下，立刻就有了 180°的转变。

青少年期的大脑因突触太多，而无法进行复杂的思考，一次只能考虑一件事情，而且无法将种种事情联系起来。也就是说，亲身体验是非常必要的，只有亲眼见到且亲身经历过，才能将各种情况联系起来。

◉ 帮助孩子多经历一些快乐的尝试

孩子会将所有经验按当时的感受去记忆。经历过各种各样的事情后，有一些会变成美好的回忆留在心里，而有一些可能会成为再也不想回顾的伤心回忆。而成年后喜欢做的事情，大部分都是因为留下过美好回忆的经历。

留下美好回忆的经历会伴随一个人的一生，当然，青少年时期愉快而美好的体验会滋养其一生，因而为孩子留下更多美好的回忆是非常重要的。那些长年进行钢琴练习的专业演奏家，大部分都没有留下美好的记忆，因为学生时代弹钢琴的经历都没什么太好的回忆。不小心弹错琴键时，会招来的刺耳批评声："怎么又弹错了"；练习中偷懒，会招来一顿批评……种种回忆都会在孩子的心里留下阴影。

家长施加的压力也不容小觑，真正要学好钢琴就要有长期的打算，即使家里有一定的经济基础，若不省吃俭用也很难坚持下去。所以，家长一看到孩子不专心练琴，随之而来的抱怨就在所难免了。

"妈妈为了让你学钢琴投入了多少钱，你怎么可以这样呢？"

"就因为要培养你，家里不能买好车，不能吃好的、穿好的，你难道不应该更努力地练习吗？"

想象一下，孩子在这样的环境下练琴，怎么会留下美好的回忆呢？长大后即使考入专业音乐院校，他们也无法真正享受琴声。有时孩子甚至会暴怒，说："练不好琴时，就好像钢琴在嘲笑自己，真想一拳砸碎了它。"

让孩子多体验新鲜事物固然重要，但不顾孩子的感受，一味地将大人的喜好强加给孩子就不应该了。曾有位钢琴演奏家甚至说，

一看到钢琴就恶心，由此可以看出不愉快的回忆只会让人抗拒。

◉ 父母不要做经纪人，而是咨询师

最近，很多家长都喜欢自称是孩子的综合经纪人，当孩子自己做出判断进而行动时，他们会深感不安。孩子的学习情况自不必说，甚至连孩子的健康与交友都要一一干涉。

进入青春期之前，做孩子的经纪人还有一点可能性，但孩子一进入青春期，经纪人就要辞职了。因为孩子会竭力抗拒父母的干涉，他们想独立行动。作为家长要接受孩子的这种变化，只有这样才有可能进行情绪管理训练。

在孩子进入青春期时，你不能再做经纪人了，而要以咨询师的身份靠近孩子。要尊重孩子，充分理解孩子的苦恼，必要时为孩子提供有利的忠告等。这时需要遵守下列原则。

承认孩子的私生活空间

正在装修房子时，如果突然有客人来访，主人肯定会觉得有些尴尬，甚至不太高兴。青春期的孩子总喜欢躲在自己的空间里，也可以理解为与上述情景相似。孩子正处于混乱的额叶重塑阶段，回到家后希望能躲在自己的房间里，不希望被父母或兄弟姐妹打扰。作为对孩子的行为习惯了如指掌的父母，他们当然一时难以接受孩子这种突然神秘起来的行为，于是忍不住担心这个、担心那个，揣测和分析孩子的心理：“他到底想干什么？是不是做错事躲起来了？会不会学坏了？”

越是这样，孩子就会躲得越远。有些家长甚至会检查孩子的短信，偷听孩子打电话，这些都会招来孩子的愤怒和不满。若家长的这种做法经常出现，那只会导致孩子渐渐与父母疏远。所以要尊重孩子的私生活，只有在孩子需要你时再以咨询师的身份出现。

尊重孩子的人格

即使孩子不处于青春期，尊重他的人格也非常重要。只是青春期的孩子特别强调自我，一旦受到攻击，就会毫不犹豫地进行反击，因此在这方面需要特别注意。

当然，这并不意味着对孩子的错误视而不见，只是批评孩子所犯的错误时，要坚定地遵守情绪管理训练的基本原则。在接纳孩子情绪的前提下，针对其错误行为进行指正，确保孩子的内心不会受到伤害。一定要避开对孩子人格或性格的批评，要就事论事。

例如，房间太乱时，如果妈妈说："哎呀，这哪是房间，简直就是猪窝，自己的房间都收拾不好，还能学习好吗？天啊，你看看，这个苹果核不是上周吃完扔掉的吗？你这个孩子，到底是怎么回事？衣服从来都是脱了不知道挂起来。"那么，千万别指望孩子会回答："哎呀，屋子真的好乱，我马上收拾。"相反，孩子只会不耐烦地冒出一句："求您别再唠叨了，那么讨厌我，干脆让我离家出走好了！"然后狠狠摔门走人。

想要尊重孩子的人格，具体要怎么做才正确呢？首先要了解孩子的内心世界。例如，孩子最喜欢的朋友是谁，最爱听的歌是什么歌，最喜欢的歌手叫什么名字，不讨厌的科目是什么科目，最不喜

欢的老师是谁，最近什么事情让他感到特别有压力等。当然，家长不能因为急于了解孩子的内心，就突然跑去问孩子：“你最喜欢的歌手是谁？”而要讲究方法，可以用猜谜游戏等方式，一步步接近孩子的内心世界。

“妈妈觉得敏珠最好的朋友是智熙和秀京，对吗？”

如果妈妈说得没错，孩子就会说“对”；如果不是，孩子也许会说：“秀京是我的好朋友，但智熙不是。”

我们一起来学习一下了解孩子内心世界的对话方法吧！

【例 1】

妈妈：妈妈觉得你最喜欢的颜色是橙色，我说得对吗？

女儿：不对。

妈妈：那是什么颜色呢？

女儿：我最喜欢的颜色是紫色，妈妈。

妈妈：噢，是这样啊。

女儿：（交换顺序）我觉得妈妈最喜欢的颜色是粉红色，妈妈，我说得对吗？

妈妈：正确。

【例 2】

妈妈：妈妈觉得你最喜欢的科目是数学，我说得对吗？

女儿：不是，妈妈。

妈妈：哦，那是哪一科呢？

女儿：我最喜欢的科目是生物。

妈妈：噢，原来你喜欢生物啊。

女儿：（交换顺序）我觉得妈妈上学时最喜欢的科目是语文，我说得对吗？

妈妈：不是啊。

女儿：那妈妈喜欢哪一科呢？

妈妈：那时，我最喜欢音乐课了。

女儿：是吗？我说嘛，妈妈那么喜欢唱歌。

【例 3】

爸爸：你最喜欢吃五花肉，对吗？

儿子：对，爸爸。

儿子：爸爸，我觉得你最喜欢吃刀削面，对吗？

爸爸：不是啊。

儿子：那爸爸最喜欢吃什么呢？

爸爸：我呀，我最喜欢吃大酱汤。

【例 4】

女儿：我觉得爸爸最想去旅行的国家是美国，对吗？

爸爸：不是啊。

女儿：那是哪个国家呢？

爸爸：是澳大利亚。

爸爸：爸爸觉得你最想去旅行的国家是瑞士，对吗？

女儿：对呀！爸爸，我特别想去看看阿尔卑斯山。

如果了解了彼此的内心世界，孩子就会坚信父母对自己的关心和爱；而父母也会因为了解了孩子的需求、想法及喜好，大大减少对于孩子不必要的误会与不信任。孩子由于感受到了来自父母的关心与理解，内心也会由衷地感受到父母对自己的尊重。

尊重孩子的决定

在情绪管理训练中，咨询师可以为孩子提供适宜的建议，但不能替孩子做决定，更不能强求孩子予以实施。为孩子制定一定的行为准则后，可以在界定的范围内让孩子自己做出选择与决定。要相信孩子会在不伤害自己与他人的前提下做出决定，并尊重孩子的决定。

这里需要提醒的一点是，必须由大人来判断和决定的问题，千万不能让孩子做主。比如，离婚时针对孩子的抚养权问题，问六岁的孩子“你想和妈妈一起生活，还是和爸爸一起生活”并承诺“爸爸妈妈会尊重你的选择与决定”，这些都是非常不负责任的行为。因为无论孩子选择了哪一方，留下的负罪感都会伴随他一生。夫妻吵架或经济问题等成人问题，一定要由大人自己来解决。

尊重孩子的选择与决定，一定要限制在孩子权限范围内的事情。例如，是参加朋友的生日派对还是和姨妈一起去游泳，去买衣服时选裙子还是裤子，挑选自己喜欢的学习用品等，对于这些孩子所能承担的事情要尊重孩子做出的决定。

当然，孩子还处于经验较少且额叶不够发达的时期，难免会做出错误的决定。其实，孩子改正错误的决定或接受失败的过程，也是一个很好的成长过程。例如，作为生日礼物送给朋友的发带，朋友不太喜欢；听从伙伴的意见参加足球队实在太累，后悔没有选择自己喜欢的美术团体……这些经验，都有利于孩子的成长。

男孩与女孩，情绪表达方式本来就不同

通常情况下，男孩比女孩更冲动，更具有攻击性。这是为什么呢？同样与大脑和激素有关。在主管情绪的大脑边缘系有个“杏仁核”，它起着调节情绪及保存恐怖记忆的作用。男孩之所以更具有攻击性，就是因为“杏仁核”比女孩子更发达。成年人也是如此。它会促使人们把一些会引起激动情绪的情况，当成性命攸关的情形来对待。这时，大脑中的血液会流向脑干部分，让人体本能地进入战斗状态。

激素也为男孩的攻击性推波助澜。青少年时期，愉悦心情的血清素分泌较少，而男孩比女孩更少。相反，与攻击性、冲动性相关联的雄性激素，男孩则比女孩多十倍，所以男孩表现得更具有攻击性、更冲动也是理所当然的事情。

青春期的女孩也同男孩一样容易冲动和具有攻击性，但表现的方式有所不同。一般女孩会以在背后说坏话或闲话表示攻击，或者干脆生气痛哭。如果了解了这些差异，当孩子们表达自己的情绪时，家长就能更从容地应对了。

附　录
情绪管理训练实例

该部分内容汇集了许多家长和教师在家庭、幼儿园、学校及咨询室中，亲身经历的各种情绪管理训练情境，在此分门别类地整理出来。由我进行补充的内容，都以“崔成爱博士的提示”标注。在此，感谢为我提供这些宝贵事例的每位朋友。

01 孩子任性发脾气时

● 在幼儿园里只想自己帮老师，不给别的小朋友机会（四岁，女）

莉亚从 30 个月大开始，就不同于别的孩子。她很乐于帮大人做事，什么事情都愿意抢着干，似乎把帮忙跑腿当成了自己的专利。如果别的小朋友去帮大人的忙，那肯定不得了。莉亚要么打别的小朋友，要么推搡，最终免不了会打起来。有一天孩子们正在玩，老师请小朋友帮忙拿水杯，一个叫善静的女孩眼明手快地跑了过去。莉亚慢了半拍，等她反应过来时，大声嚷着“是让我去拿的”并一下子推开善静，开始了水杯争夺战。但因最终没能抢到手，莉亚便扑腾坐在地上，号啕大哭起来。

老师：莉亚，怎么哭了？

莉亚：（不回答，依然哭着。）

老师：能不能告诉我，莉亚为什么不开心地哭起来了？莉亚哭了，老师也不开心了。

莉亚：（止住哭泣）本来我要帮老师拿杯子，结果被别的小朋友给抢走了。

老师：哦，原来是这样啊。莉亚是想帮小兔班的老师拿杯子，但别的小朋友不知道莉亚的想法，所以才让你伤心了，是吗？

莉亚：是。

老师：不过，刚才老师看到，好像小兔班老师并没有指明让莉亚去拿呀。听到老师的吩咐，谁都可以帮老师拿杯子的。

莉亚：可是，我想帮老师，不让别的小朋友帮忙，我喜欢帮忙。

老师：哦，莉亚喜欢帮忙跑腿。（崔成爱博士的提示：这时，应该充分接纳和认同莉亚愿意帮助人的情绪。例如，老师问："帮老师忙时，莉亚的心情怎么样？"孩子可能会根据自己的想法回答："老师会更喜欢我！""我不想让别的小朋友把我的老师抢走！""我希望老师表扬我！"对于孩子的这些情绪给予充分认同后，还应该给孩子一些忠告和提醒。这样孩子才会真正感受到老师已经理解了自己的情绪，自己并不是坏孩子，依然会得到老师的尊重和关爱。）

莉亚：是，非常喜欢！

老师：喜欢帮忙，但不可能每一次都帮忙……只因为别的小朋友帮了老师，就推小朋友、打小朋友，你说这样抢着帮老师，合适吗？（崔成爱博士的提示：这种对话方式过于直白，很显然是为了诱导孩子回答正确答案。理想的方法是，给孩子划定行为界限："除了打和推小朋友，还有没有其他好办法呢？因为推小朋友或打小朋友，都可能会伤到别人，我们幼儿园可不希望有谁受伤。"）

莉亚：不合适。

老师：那你说怎么办好呢？

莉亚：（想了一会儿）我应该为刚才的行为向善静道歉。另外，如果我已经有三次帮忙机会了，那我会让给别人一次。

老师：真的？也给其他小朋友一个机会是吗？嗯，真的好棒！

经过情绪管理训练之后，莉亚走到刚才被推倒的善静跟前，真诚地说了声“对不起”，两个孩子重归于好。

● 不顾外面下雨，吵嚷着非要出去时（五岁，女）

静雅是个性格活泼又固执的女孩，她特别喜欢在户外玩。不巧，今天下了雨，只能在屋里待着，但是静雅执意要出去。妈妈耐心地向她解释，下了雨，没法到外面玩。静雅根本听不进去，一直吵嚷着要出去玩。

静雅：妈妈，我想到外面玩。

妈妈：哦，你想去外面玩是吗？

静雅：嗯。

妈妈：但是你看，外面下雨了。

静雅：那我也要出去玩。

妈妈：看来你真的很想到外面玩。

静雅：嗯，踢踢球、跑跑步……

妈妈：啊，明白了，你非常想到外面玩一会儿。（崔成爱博士的提示：不妨用镜像式反应法来问孩子：“你想到外面踢踢球、跑跑步对吗？”）

静雅：是啊。

妈妈：孩子，其实妈妈也希望能和你一起出去玩……但外面下着雨，出不去。如果淋了雨，衣服会湿，头发也会弄湿，很容易感冒……要是我的宝贝得了感冒，妈妈多难过啊！

静雅：没事的，感冒了去医院就好了。去买药，去打针……

妈妈：哦，也是，感冒了可以去医院打针吃药。

静雅：是啊，这还不简单。

妈妈：但是静雅，你真希望感冒，然后到医院打一针吗？和妈妈想的不太一样啊。（崔成爱博士的提示：先倾听孩子的想法，再表达妈妈的意见。）

静雅：那妈妈是怎么想的？

妈妈：妈妈觉得，与其让静雅打针疼得嗷嗷大哭，还不如今天干脆不出去淋雨，在家里和妈妈一起玩，你认为呢？

静雅：哦，我要是感冒了去医院，妈妈会伤心的是吧？那……就不出去了？

妈妈：好啊，和妈妈一起玩好玩的游戏吧！

静雅：那我们想想哪些游戏好玩吧！

妈妈：玩数字游戏怎么样？或者字母游戏？不过这都是我自己的想法，你说说你的想法，我听听。

静雅：没事的，我听你的。

妈妈：好吧，今天就按我的提议来玩。等明天不下雨了，咱们再出去玩，好吗？

静雅：嗯，妈妈。

妈妈：怎么样？现在心情好多了吗？

静雅：嗯，好多了。

妈妈：静雅的心情好了，妈妈也觉得一下子心情很好呢。我们玩会儿学习游戏后，一起喝点清爽的果汁吧！

静雅：太好了，谢谢妈妈！

● 因为大哥哥不理自己只和自己的朋友玩而生气时（七岁，男）

镇赫今年七岁，每天放学后，他喜欢到附近的社区中心玩。在那里既可以和朋友们一起玩，也可以跟着大学生哥哥一起学习。但是不知为什么，今天镇赫竟然踢了大学生哥哥。原来是大哥哥不陪自己玩，只顾和自己的朋友玩，这让镇赫很伤心，所以才会如此生气。

妈妈：镇赫，和妈妈聊聊吧！

镇赫：（两眼泪汪汪地走过来。）

妈妈：镇赫，妈妈知道你生气了。

镇赫：（不吱声，耷拉着头，“吧嗒吧嗒”地掉眼泪。）

妈妈：你现在心里很难过，是吧？

镇赫：（抽泣着）是的，很难过。

妈妈：嗯，我们的镇赫感到很难过。看到你这么伤心，妈妈也变得不开心了。能告诉我，你为什么如此伤心吗？

镇赫：大哥哥只和俊英玩，不陪我玩。

妈妈：大哥哥只和俊英玩，没陪你是吧？

镇赫：对。

妈妈：哦，如果是这样，那你一定很伤心了，大哥哥只陪着俊

英却不陪你玩。如果是妈妈，要是有人不理我，只在乎别人，我也会很难过的。（崔成爱博士的提示：在这个环节，可以对孩子的情绪表示充分地接纳，说“你现在一定很难过、很伤心了”，然后拉着孩子的手静静地坐一会儿。这时，即使不问其他问题，孩子也会感受到家长的理解，能更清醒地认清自己的情绪。孩子会意识到自己被大哥哥不理睬时感到伤心和难过是自然反应，这种心理并不是因为自身是个坏孩子或自己不够好才会产生。想到这些，孩子便能安心许多。）

妈妈：但是，镇赫，大哥哥为什么只陪着俊英，不肯陪你玩呢？

镇赫：不知道。

妈妈：哦，不知道。

镇赫：是。

妈妈：那这时，你是怎么做的呢？

镇赫：踢了大哥哥，冲他发脾气。

妈妈：哦，因为哥哥只和俊英玩，你就用脚踢他，还冲他发脾气。

镇赫：嗯。

妈妈：你踢大哥哥，冲他发火时，心里是什么感觉呢？

镇赫：伤心、难过，还感到羞愧，不好意思见同学。

妈妈：哦。伤心、难过，而且在同学面前感到羞愧。整个事情的过程是，你希望能和大哥哥玩，但大哥哥只陪着俊英，没有理你，所以你就踢大哥哥，并发了脾气。

镇赫：是。

妈妈：这种事常发生吗？每当大哥哥不理你，你就踢他，发脾气，然后感觉在朋友面前很丢人？

镇赫：是。

妈妈：那有没有想过其他办法呢？既不用发脾气也不用难过，更不会在朋友面前觉得丢人？

镇赫：（想了片刻）不知道。

妈妈：不知道？

镇赫：是。

妈妈：再想想，只要你肯用心想，应该会有更好的办法。

镇赫：我去跟大哥哥讲讲。

妈妈：哦，去跟大哥哥谈谈。你打算跟他说些什么呢？

镇赫：问他："大哥哥，能不能也陪我玩一会儿？"

妈妈：真能做到吗？

镇赫：是的，能。

妈妈：妈妈觉得镇赫想的这个主意挺好。等下次见到大哥哥时，就用不着踢他了，直接告诉他你也想跟他一起玩，相信他一定愿意陪你玩的。

镇赫：嗯。

妈妈：现在心情怎么样了？

镇赫：好多了。

02 当孩子感到伤心难过时

- 好不容易做好的机器人，被哥哥弄得一塌糊涂，伤心地哭时

（六岁，男）

六岁的正焕正在全神贯注地组装机器人，眼看就要大功告成了，哥哥匆匆路过，一脚给踩坏了，把机器人全给弄散了。正焕气得直跺脚，忍不住哭了起来，哥哥却嫌弟弟太吵，还打了弟弟。生气加上委屈，正焕哭得更厉害了。

妈妈：正焕看来很生气啊，跟妈妈说说是怎么回事。

正焕：（只顾着哭。）

妈妈：正焕啊，能不能告诉妈妈，因为什么事这么难过呢？

正焕：哥哥把我辛苦做好的东西给弄坏了，还打了我！

妈妈：原来是这样。正焕好不容易做好的东西让哥哥给弄坏了，所以才会这么伤心，是吧？孩子，能不能告诉妈妈，你做的是什么？

正焕：是机器人，都快做好了，让哥哥一下子给弄坏了。

妈妈：组装机器人？难怪你会这么生气。哥哥不道歉还打了你，真是太令人难过了。我看看，疼吗？如果是妈妈，也会很生气的。不过，哥哥为什么会弄坏你的机器人呢？

正焕：他不好好走路，所以才会碰坏。我一哭，他还打我，嫌我太吵。

妈妈：原来是哥哥走路不小心给弄坏的，你哭时，他还打了你？

正焕：是。

妈妈：以前也有过这样的事吗？

正焕：经常有。

妈妈：哦，以前也经常这样。那你每次都是怎么办的呢？

正焕：使劲跺脚，大声哭呗！

妈妈：嗯。你难过，肯定难免要跺脚，大声哭了。那你哭的时候心情怎么样？

正焕：坏透了。

妈妈：嗯。大哭一场以后，心情还是很糟糕，坏透了……所以这件事的经过是，你正在做玩具，但哥哥不小心路过时给碰坏了，所以你生气，哭了起来，哥哥却嫌你吵打了你。

正焕：是。

妈妈：哦，这样啊。这种情况，就叫“委屈”。每个人都难免会受委屈。我很想问问，下次要是还有这样的事，你打算怎么做？有没有什么办法，可以不让你难过，也不让哥哥再打你了呢？

正焕：告诉哥哥，别再弄坏我的玩具了！

妈妈：嗯。你打算这样告诉哥哥。那自己能行吗？

正焕：嗯。

妈妈：我倒是担心，如果你那样说，会不会让哥哥更生气？还有没有更好一些的办法？

正焕：嗯……不清楚。

妈妈：看看能不能跟哥哥好好说说。

正焕：要不我这样说：“哥哥，我做手工的时候，希望你尽量小心一点。”

妈妈：嗯。不错。相信哥哥听了你的话也会格外注意的。那你打算什么时候告诉他？

正焕：玩游戏的时候。

妈妈：那就别忘了到时候照刚才的方法试试。

正焕：嗯。

妈妈：现在心情好点了吗？

正焕：好多了。

● 在学校挨了批评，垂头丧气地回家时（七岁，男）

七岁的承载在学校挨了老师一顿训，老师要求小朋友们带八格写字本，承载却带了十格写字本。于是老师让承载在大家面前反思，这无疑让承载很没面子，回家时一副垂头丧气的样子。

妈妈：承载怎么看起来不太高兴呢？告诉妈妈是怎么回事。可不可以讲给妈妈听听，什么事让你这么难过？

承载：被老师训了。

妈妈：哦。是老师批评你，所以让你伤心了，是吗？但是老师为什么会训你呢？跟妈妈说说。

承载：老师让我们带八个格子的写字本，我拿了十个格子的。我怕老师说我拿错了，就把本子藏了起来。老师知道后很生气，让我在大家面前反省。

妈妈：你是说，本来要带八个格子的写字本，但是你拿错了，拿了十个格子的，然后你担心老师会说你，就把本子藏了起来，结果老师发现后，当着大家的面让你反省。这就是你伤心的原因？

承载：是。

妈妈：以前也有过这样的事情吗？

承载：经常有。

妈妈：哦，经常会发生。那以前你是怎么做的呢？

承载：不说话，就干待着。

妈妈：哦，什么话也不说，就那么干待着。那你的心情怎么样呢？

承载：闷得慌，难受。

妈妈：哦，难受是吗？嗯，听明白了。老师让你们带八个格子的写字本，你却拿了十个格子的本子，怕被老师说，于是就藏起来了，结果老师知道后，让你在大家面前反省，所以你很难过。而且这样的事情经常会发生，但每次你都不知道怎么跟老师解释，所以觉得心里很难受，是这样吗？

承载：是的。

妈妈：其实任何人犯错误时，都会感觉担心和害怕。能够勇敢地把自己的错误讲出来，我们称之为“勇气”。孩子，下次再发生这样的事情时，也许你可以用其他方式告诉老师你的想法，这样你就不会再感到难受和闷得慌了。

承载：直接跟老师说？

妈妈：嗯，这样挺好，具体怎么说呢？

承载：老师，我拿错本子了，我回家换过来。

妈妈：嗯，很好，这个主意很不错。到时候能这样说出来吗？

承载：嗯。不过，把握不是很大。

妈妈：哦？要不我们先练习一下？

承载：妈妈你先说，我跟着你说。

妈妈：好，跟着我说：“老师，我把本子拿错了，我现在回家去换过来。”

承载：老师，我把本子拿错了，我现在回家去换过来。

妈妈：嗯，很好。那打算什么时候这样说呢？

承载：下次拿错本子的话。

妈妈：好，一言为定。现在心情是不是好多了？

承载：嗯，好多了。

● 因为调皮的妹妹撕坏了娃娃的衣服而哭泣时（七岁，女）

七岁的夏彬从学校带回来一件手工制作的娃娃衣服，没想到四岁的妹妹一下把娃娃的衣服给扯坏了。想到自己好不容易做好的衣服被妹妹撕坏了，夏彬又气又急，竟然哭了起来。

妈妈：夏彬看起来不太高兴，发生什么事了？

夏彬：（指着被撕坏的娃娃衣服，很沮丧）丹菲撕坏了娃娃的衣服。

妈妈：哦，是丹菲把娃娃的衣服撕坏了？

夏彬：嗯。

妈妈：那你一定很难过了？

夏彬：嗯。很伤心，也很难过。

妈妈：丹菲撕坏了夏彬喜欢的娃娃的衣服，夏彬因此很难过。

夏彬：是的。这是我在学校做的……

妈妈：在学校做的漂亮衣服，让妹妹撕坏了，所以夏彬才会这么难过。嗯……如果是我，肯定也会很伤心，这可是夏彬花了好大工夫才做好的，是吗？

夏彬：对。

妈妈：那妹妹弄坏了娃娃衣服时，你是怎么做的呢？

夏彬：哭了。

妈妈：哦。在学校用心做的娃娃衣服让妹妹给弄坏了，所以你伤心得哭了起来。如果有人弄坏了妈妈用心做的东西，我也会很难过的。但是宝贝儿，丹菲还很小，不知道哪些东西珍贵，也不知道你在学校做这件衣服时有多用心。我想她是不小心才会弄坏的，这种情况叫“失误”。意思是，在不知道的情况下犯下了错误。所以，可能丹菲还不知道自己做错了什么事情。夏彬是姐姐，看看怎么对妹妹说能好一些。

夏彬：告诉她不要碰。

妈妈：嗯，这样说也行，但是可能效果不会很好，万一下次又弄坏了呢？

夏彬：嗯，妹妹还小，那我就让她拿着玩好了。

妈妈：让她拿着玩？没关系吗？万一又给弄坏了呢？真的可以吗？

夏彬：嗯。

妈妈：不过，夏彬现在还是很难过吧？怎样才能让心情好一些呢？

夏彬：没事的，一会儿就好了。

妈妈：真的？一会儿就没事了？

夏彬：（笑起来）对呀。不过妈妈，你用胶布帮我把娃娃衣服给粘上吧！

妈妈：嗯。妈妈帮你把娃娃的衣服给粘好，就能解决问题了，这个办法真好！妈妈一定帮你把娃娃的衣服粘好。现在怎么样，好些了吗？

夏彬：嗯，好多了。

03 当孩子感到困惑时

● 想要看有趣的童话书，但其他小朋友也在看时（五岁，女）

五岁的兰珠不肯看书架上琳琅满目的童话书，非要看小朋友手里的书，可是熙元也正看得津津有味，当然不肯让给兰珠，于是兰珠伸手去抢。

妈妈：兰珠怎么生气了？发生什么事了？

兰珠：我对熙元说，我要看那本《灰姑娘》，可他不给我看。

妈妈：哦。原来你很想看《灰姑娘》是吗？

兰珠：是。（扭过头去看熙元）沈熙元，你赶紧把书给我！

妈妈：哦。兰珠那么想看《灰姑娘》，熙元不肯给，所以你生气了？

兰珠：是。

妈妈：你这么喜欢《灰姑娘》，能告诉我为什么吗？

兰珠：灰姑娘善良又漂亮，像公主一样。

妈妈：哦。原来灰姑娘很善良、很漂亮，你才会这么喜欢她。

兰珠：是啊。我要马上就看《灰姑娘》！

妈妈：嗯。心里着急想看，但熙元没看完，不给你，你心里着急，所以不好受。

兰珠：嗯。他说过给我看，但是又不给我了。

妈妈：说好了给你，现在又不给了，让你更难过，是这样吗？

兰珠：嗯。

妈妈：我明白了。灰姑娘善良又漂亮，像公主一样，所以兰珠非常急着想看《灰姑娘》，熙元说好给你看的，现在又不给了，所以兰珠才会难过。

兰珠：对。

妈妈：这时候，我们可以说“觉得可惜”。

兰珠：嗯，明白了。

妈妈：不过孩子，熙元为什么也会看《灰姑娘》呢？想过吗？

兰珠：可能他也很想看吧。

妈妈：是啊，熙元也很想看。

兰珠：哦。

妈妈：那怎么办好呢？怎样才能让熙元看得高兴，兰珠也不会因为看不到而生气呢？想想有没有什么两全其美的好办法呢？

兰珠：要不……我先看别的书吧。

妈妈：这样很好。熙元看《灰姑娘》的时候，你可以先看别的书，这样就不会感到无聊了。这样的话，最后你和熙元都可以看到这本书了，是不是？

兰珠：是。

妈妈：不过，可能等待时还是会有些无聊啊！

兰珠：嗯。

妈妈：我们兰珠想的办法真不错。不过孩子，妈妈有一点担心，说出来没关系吧？

兰珠：妈妈你说吧。

妈妈：刚才兰珠跟熙元要那本书了，对吧？

兰珠：对啊。

妈妈：虽然每个人都有自己想要做的事情，但有时候要学会等待。我担心刚才那个时候，别的小朋友看到你的做法，也会跟你学啊。

兰珠：哦。

妈妈：妈妈呢，希望兰珠想做什么事就自己去做，可以做到吗？

兰珠：可以。

妈妈：兰珠，刚才那么生气，现在觉得怎么样了？（崔成爱博士的提示：如果情绪管理训练进行得顺利，孩子的心情会舒畅，会高兴起来。如果感觉孩子的情绪还有没解决的疙瘩，就应该重新回到接纳阶段，看是不是还有其他没有注意到的情绪有待解决。）

兰珠：好多了。

妈妈：嗯。看到你不生气了，妈妈也高兴了。现在打算做什么呢？

兰珠：我先看别的书，一直等熙元把那本书看完。

妈妈：嗯。我赞成，就这样吧。

● 因朋友不守信用而感到生气时（八岁，男）

上小学一年级的昌秀，此刻既愤怒又激动。他气急败坏地跟着另一个同学，一直跟到洗手间的外面，踢开门，大声喊叫。

老师：（蹲下来制止孩子，不让他乱踢）不许踢！（崔成爱博士的提示：无论孩子处于怎样的激动状态，都应该为他划定行为界限。）

老师：（把昌秀引到另一边，尽量让他离同学远一些）昌秀，和老师谈谈。

昌秀：放开我。（甩开老师的大手，依然像小狮子般愤怒着！）

老师：看来你不喜欢老师握着你的手。

昌秀：（始终做出一副攻击的架势，气喘吁吁，眼珠上翻。）

老师：昌秀现在很生气，老师看得出来。老师刚好路过，担心你，才过来看看。

昌秀：（默默无语，但依然表现得很愤怒。）

老师：昌秀现在火气这么大，肯定也很累，老师看着不忍心。（坐着，看着昌秀的眼睛）看你的眼睛，我能感觉到你比我想象得还要生气。刚才没注意到你的眼睛，没能及时感觉到你会这么生气和难过，看来老师太粗心了，都怪老师不好。

昌秀：（眼珠恢复了原来的状态，眼神里闪过悲伤的神色，继而又充满了疑惑。）

老师：告诉老师，你是不是非常生气？

昌秀：（点点头。）

老师：看到刚才的你，能感觉到你的气愤。对了，我见你对那个同学发起火来很凶，能告诉我是什么事情吗？

昌秀：秀微拿走了我的啪唧（孩子落泪，老师帮着擦拭）。

老师：怎么会这样，秀微竟拿走了别人的东西，难怪你会这么生气。不过，有些细节我不太明白，听得也有些糊涂，能不能详细告诉我？

昌秀：本来说好只要我正反面各赢一次，啪唧就归我。但是我赢了两次，他却不给我，还溜了。

老师：有这样的事？你是说本来是你赢了，但是秀徽不但不给，还跑了，真是令人上火。那当时你心里是怎么想的呢？

昌秀：烦躁，生气。

老师：嗯。的确让人烦躁、生气又委屈。

昌秀：（点头。）

老师：如果我是你，朋友说话不算数，还跑掉，我也会很生气。不过，当初是两个人说好的吗？

昌秀：（点头。）

老师：原来是这样，难怪你会生气。当时你是怎么做的呢？

昌秀：踢他。

老师：听明白了。本来你们俩一起玩啪唧，并且约好了规则，但是秀徽输了之后就自己跑了，你因为生气，所以心烦，于是一直追到洗手间门口，使劲踢门。这种不能控制的情绪，叫作“愤怒”，大人也会感觉到愤怒的情绪。但是踢门或踢同学都是不对的，能不能想些别的方法解决？

昌秀：让秀徽还我啪唧。

老师：嗯。你希望他能把啪唧还给你。不过怎样才能让他按照说好的还给你呢？有什么好主意吗？

昌秀：让他跟我换啪唧就行了。

老师：哦。这也不错。还有没有别的办法呢？

昌秀：或者我让他一步，重新比一下。

老师：这个方法也挺好。昌秀肯让步，老师非常高兴。那你能做到吗？让他一步，重新再来一次比赛？

昌秀：（坚定地）能。

老师：昌秀的做法，让老师感觉到你很大度，很有勇气。不过老师也有些担心，万一秀微还是不守信用，再让你发火呢？那时候你打算怎么办？

昌秀：那就干脆不谈什么条件了，直接玩好了。

老师：哦，也可以这样。意思是你不和他约定条件，只玩啪唧了？

昌秀：（笑起来）是。

老师：昌秀真是一个大度的孩子，老师觉得很欣慰，很高兴。刚才你那么生气，现在感觉怎么样了？

昌秀：没事了。

老师：嗯。看到你的心情恢复了，老师也感到很高兴。你看马上要上课了，我们进教室吧？

老师：（下班路上看到在运动场上踢球的昌秀）昌秀，和秀微怎么样了？

昌秀：他玩啪唧总是输，现在都被我赢进口袋里了（拍拍口袋，露出幸福得意的样子）。

● 非常爱惜的东西被朋友不问自取，感到万分生气时（八岁，男）

尚俊到明仁家玩，翻出明仁最喜欢的魔法斗篷，套在身上玩得不亦乐乎。当朋友告诉明仁这件事情时，明仁难过得哭了起来。谁让尚俊也不问问明仁，就偷偷拿他的魔法斗篷玩的？瞧，都给弄得皱巴巴了。

爸爸：明仁，怎么生这么大气，出什么事了？

明仁：（哇哇哭着）我的斗篷都变得皱巴巴了。

爸爸：哦。斗篷坏了，所以生气。（崔成爱博士的提示：用镜像式反应法反问“斗篷坏了，所以生气了？”也是不错的方法。）

明仁：是。尚俊穿着它疯一样地玩，别的小朋友告诉我的。

爸爸：尚俊穿着你的斗篷乱跑，所以你生气了？

明仁：嗯。我没给他，是他自己拿走的。

爸爸：哦。所以你难过了，是吗？

明仁：魔法斗篷是我在游乐园买的，平时都很爱惜，叠好了放在抽屉里，是尚俊自己翻出来拿走的。

爸爸：嗯。明仁在游乐园买的斗篷，尚俊问都不问你就穿了出去，所以你生气。爸爸听明白了。那斗篷坏得厉害吗？

明仁：没坏。不过他是自己偷偷拿走的！

爸爸：偷偷拿的？所以就更生气了是吗？那斗篷现在在谁的手里呢？

明仁：现在在我的抽屉里了，但是已经弄皱了。

爸爸：尚俊总爱随便拿你的东西玩吗？

明仁：没有，这是头一次。

爸爸：哦。头一次。那尚俊为什么问都不问你，就把斗篷拿走了呢？

明仁：他也喜欢斗篷，应该是想穿着我的斗篷变魔法吧。

爸爸：原来他也喜欢穿斗篷啊。那你穿了斗篷可以变魔术吗？

明仁：能。可以变几个，但是得有斗篷才行！

爸爸：是吗？爸爸很想看看明仁是怎么变魔术的，能不能表演一下？

明仁：行（拿过斗篷来，表演魔术）。

爸爸：呵呵，真不错。这就是你在游乐园买的宝贝斗篷，尚俊问都不问就拿走了，所以刚才才那么生气？

明仁：是。

爸爸：那怎样才能让尚俊知道你不喜欢他随便拿你的东西，而且你现在很生气呢？你打算怎么表达呢？

明仁：去告诉他。

爸爸：嗯，好主意。你打算怎么说呢？

明仁：告诉他，别乱碰我的东西！

爸爸：嗯。可以告诉他："我珍惜的东西，希望你不要乱碰。"

明仁：是。

爸爸：那你打算什么时候跟他说呢？

明仁：现在就去。

爸爸：好，现在说更好一些。不过孩子，爸爸还想问你一件事情？

明仁：什么事，爸爸？

爸爸：你说过尚俊也很喜欢你的斗篷对吧？那你穿上斗篷，他看着会是什么心情呢？

明仁：应该很羡慕，自己也很想穿吧。

爸爸：嗯，很羡慕。别人羡慕地看着你时，你心里会怎么样？

明仁：不太好受。

爸爸：不太好受。那有没有什么办法，可以让尚俊以后不再偷拿你的斗篷，你也不用再难过呢？

明仁：我告诉他，以后想穿时，就跟我说一下，我同意了再穿。

爸爸：这样做不错，挺好。你能想得这么周到，爸爸很高兴。爸爸也很想变个魔术，让你的斗篷变成新的，怎么样？

明仁：能变回新的吗？

爸爸：当然了。你把斗篷给我，爸爸现在就给你变成新的，等一下。（爸爸仔细地熨好斗篷，重新交给孩子看，孩子高兴得欢呼雀跃）

04 连不满意的事情都需要理解时

● 孩子不学习，大人唠叨两声，孩子却发火时（11岁，女）

智秀上小学四年级，学习时经常不好好坐着，喜欢走来走去。妈妈要是唠叨几句，她就会生气，耍脾气。

妈妈：智秀怎么生气了？跟妈妈说说是怎么回事？

智秀：妈妈总说我不好好学习，总唠叨，所以我生气了。

妈妈：你没好好做功课，妈妈唠叨你，所以你生气了？

智秀：是。我学习的时候要是妈妈总唠叨个没完，我就会心烦，生气。

妈妈：哦，学习的时候如果妈妈在一旁唠叨，会让你感到心烦，生气，是吗？

智秀：是。因为妈妈就知道说我。

妈妈：哦，你觉得妈妈只会唠叨你，所以才生气了？

智秀：是。尤其是在同学面前说我，我觉得伤自尊。

妈妈：哦。是因为妈妈当着你的同学说你，伤了你的自尊是吧？

智秀：嗯。

妈妈：那你讨厌学习吗？

智秀：我不喜欢学习。

妈妈：你是从什么时候开始不喜欢学习的呢？

智秀：一直如此。只要一学习，我就头疼，而且无法集中精力。

妈妈：哦，已经很久了？刚要学习就头疼，所以没法集中精神。

智秀：是。

妈妈：那你觉得哪门功课最累呢？

智秀：数学。

妈妈：哦，数学最累，和我小时候一样，我以前也不喜欢数学课。（崔成爱博士的提示：感同身受的作用不可小觑，它能产生强磁一样的作用，这种对话方式很值得借鉴。）

智秀：妈妈也和我一样？

妈妈：对啊，妈妈上学时，觉得数学最难学了。

智秀：那妈妈是怎么学的呢？

妈妈：虽然觉得难，但数学还是必须要学的，这是学生的义务啊。虽然累，但也要下工夫学。

智秀：哦。

妈妈：你觉得学习是为谁而学？

智秀：为自己。

妈妈：是啊，学习就是为自己而学的。

智秀：嗯，我知道。

妈妈：智秀，能不能听妈妈说一句？

智秀：行。

妈妈：人呢，活在世上有三点是必须经历的。第一，就是必须要做的事情；第二，是可做可不做的事情；第三，是无论如何都不可以做的事情。你觉得学习属于哪一类呢？

智秀：第一类。

妈妈：是啊，学习是必须要做的事情。每个人都有自己应尽的义务，你觉得你的义务是什么？

智秀：学习。

妈妈：是，你的义务是学习。既然是义务，那就不是可做可不做的事情了。你觉得呢，孩子？

智秀：嗯，妈妈说得对。

妈妈：那你看，现在这个问题怎么解决才好呢？

智秀：虽然会累，但我会更努力学习的。

妈妈：好的。咱们一起努力吧！妈妈会一直为你加油的。

● 因为没有合适的衣服，所以没买，孩子却纠缠着非要买时（八岁，女）

仁智一家去姑姑家串门，吃过晚饭后到步行街散步。路过一家服装折扣店时，一来闲逛，二来给孩子们买裤子，所以一家人就进去转了一圈。不一会儿，姐姐拎着一个购物包出来，仁智却两手空空，几乎是被爸妈拖着、拽着好不容易上了车，但是在车上，仁智却一直抱怨个不停。（崔成爱博士的提示：姑姑觉察到仁智的情绪，认为有必要进行情绪管理训练，但是仁智的爸爸、妈妈和姐姐似乎对仁智的情绪不以为意。）

妈妈：我不是说明天买给你吗？听到没有？人家店里没有大小合适的，你叫我怎么买给你？

仁智：呜呜呜……

爸爸：不是有意不给你买，姐姐有合适的，就买了，不巧没有你能穿的小号，所以才没买，明天一定给你买。

姐姐：仁智啊，妈妈不是说了明天给你买吗，怎么还这样？

仁智：就姐姐买了喜欢的……

妈妈：仁智，妈妈明天一定早早就给你买，说不定明天能买到更好的呢。

姐姐：（仁智纠缠着姐姐，依然哭哭啼啼的）我说……仁智！你能不能消停一会儿？

爸爸：（忍不住发火）你有完没完？（仁智慌忙藏在椅背后面，摩挲着头）

姑姑：仁智，姑姑问你，本来是你们俩都要买裤子，但是姐姐的裤子买到了，你的没买到，你心里觉得怎么样？

仁智：（把头埋在前排座位的椅背上，小声地嘟囔着。）

姑姑：仁智，车里噪音太大，听不清你的话，能不能大声告诉我？

仁智：（小声地）闹心……

姑姑：（似乎有意让大家听到，现场直播似的）你是说只买了姐姐的，你的没买到，所以觉得闹心。那么，有多闹心呢？

仁智：非常非常！

姑姑：哦，看来是非常不开心了。

姐姐：仁智，我知道你一定很烦，如果是我没买到喜欢的裤子，我也会觉得很闹心的。（崔成爱博士的提示：一直旁观的姐姐，这时非常自然地给了妹妹适时的同情。）

仁智：（突然遇到知音似地尖叫）姐姐也一样？（崔成爱博士的提示：虽然这时孩子的情绪已经大致稳定，但最好还是再询问一下。）

姑姑：你已经这么烦躁了，你看怎么办好呢？

仁智：那就明天买吧。（孩子烦躁的心情似乎一扫而光，很快又和姐姐有说有笑，恢复了来时的活泼）

● 玩掷飞镖游戏，有人耍赖引起争执时（十岁，男）

赞宇和朋友们一起玩飞镖游戏。赞宇扔了几次，明明每次都是三分板，但道日却说是两分板，只能得两分。问题是，就连其他两个同学也都帮着道日，硬说只能得两分。赞宇不服气，给了道日一拳，俩人便打了起来。

妈妈：赞宇，发生什么事了？跟妈妈说说。

赞宇：我们几个人玩飞镖游戏，明明我扔的是三分，道日却说是两分。

妈妈：哦。你们玩了飞镖游戏，你扔出了三分，道日却说是两分。

赞宇：是。而且剩下的两个同学也都帮着道日，说我只扔了两分。

妈妈：你扔的是三分，但其他人都帮着道日说是两分，所以你觉得难过。妈妈要是遇到这种情形，肯定也会很生气的。不过孩子，道日为什么非要说你是两分呢？

赞宇：我们马上要玩完一局了，我只要再扔个三分，这局就赢定了，可能是他怕自己会输吧。

妈妈：原来是这样啊。你只要再扔出个三分，就赢定了，但是道日担心自己会输，所以才会不承认。

赞宇：对，没错。但是其他人也都帮着道日，和他一伙儿。

妈妈：其他人都在帮道日，这让你感到很生气？

赞宇：嗯。就因为载胜和圣宇都帮着道日，所以我只能输掉这局了。真是太委屈、太生气了。

妈妈：嗯。妈妈理解。如果是我，这种情况下也会觉得很委屈、很生气。

赞宇：是。

妈妈：妈妈也喜欢玩飞镖游戏。不过，你们以前也发生过这样的事情吗？

赞宇：倒是不经常发生，但今天实在觉得很过分。

妈妈：哦。不经常发生，只是今天这几个朋友太不讲道理了，所以你才会这样生气和难过？

赞宇：是。

妈妈：那赞宇是怎么处理这件事情的呢？

赞宇：当时我实在太生气了，于是，也不顾道日是个大个头的优等生，就上前正面给了他一拳。

妈妈：因为生气，所以在那个学习好、力气又大的同学脸上打了一拳？

赞宇：是。

妈妈：妈妈问你，你打他的脸时，感觉怎么样呢？

赞宇：痛快，但也有点担心。后来道日也生气了，也打了我一顿，样子很可怕。

妈妈：哦。打的时候很痛快，但是打过之后就有些害怕力气大的道日了，是吗？

赞宇：是。

妈妈：孩子，你看妈妈理解的对不对？今天你们玩掷飞镖，只要扔出三分，你就能赢，但是道日一直说你只得了两分。

赞宇：是。

妈妈：不仅如此，其他人也都帮着道日，所以你输了，于是你很生气，朝道日的脸上打了一拳，他也打了你，所以你们俩就打起来了。

赞宇：嗯。

妈妈：赞宇，和朋友一起玩时大家都会希望自己能赢，这就叫

“好胜心”。每个人都会有好胜心，希望自己能在比赛中赢过对方。

赞宇：哦。

妈妈：今天，你希望能在比赛中赢，妈妈很理解。但是孩子，妈妈想跟你说，因为比赛输了而发火这是很正常的事，换了谁都会因为自己输了而难过的。但是向朋友使用暴力就肯定不对了。你想想，除了打架，是不是有其他更好的办法，让对方知道你生气了呢？

赞宇：我可以告诉妈妈，我现在很生气。但是我说了妈妈也不会相信，不是吗？

妈妈：你担心即使告诉了妈妈，妈妈也未必会相信你，是吗？

赞宇：嗯。我平时很淘气，总惹是生非，所以我以为妈妈不会相信我呢。

妈妈：原来是这样。你觉得自己很调皮，平时总惹是生非，所以担心妈妈不相信你，是吧？看来妈妈并没有给你一种信任感，妈妈觉得很抱歉，妈妈以后一定会更加努力，尽力多理解你。赞宇，以后如果再发生类似的事情，除了像今天这样打架，有没有更好一些的办法呢？

赞宇：下次我会好好跟对方说的。

妈妈：可以做到吗？

赞宇：我会尝试的，妈妈。

妈妈：好的，咱们都努力。你们这样打架，妈妈很担心。我希望大家都不要打架，有事情好好解决，怎么样？说了这么多，你现在觉得好点了吗？

赞宇：嗯。跟妈妈讲过之后，觉得好多了。我去跟他们道歉。

妈妈：嗯。这样最好。

05 当不顺孩子的心耍脾气时

● 在屋子里蹦蹦跳跳，摔倒弄破嘴唇大哭时（七岁，男）

淘气包小旭在屋子里蹦蹦跳跳，不小心摔倒，弄破了嘴唇。本来嘴唇就疼得要命，妈妈不但不紧张自己的伤口，还责怪自己不小心，总是跑来跑去，所以小旭越哭越厉害。

妈妈：小旭，妈妈和你谈谈。

小旭：（忧郁地走过来。）

妈妈：刚才摔破了嘴唇，是不是很疼？

小旭：是，非常非常疼。

妈妈：嗯。妈妈要是摔破了嘴唇，肯定也会大声哭的。想想那有多疼啊？现在呢，还疼吗？

小旭：现在好点了。

妈妈：小旭，刚才摔倒时感觉怎么样？

小旭：很疼，看到出血也很害怕。

妈妈：疼，又出血，所以害怕了是吗？妈妈没及时检查你的伤口，只顾责备你，不让你乱跑，当时你的心情怎么样？

小旭：很讨厌，很伤心。

妈妈：哦。讨厌，还有伤心。

小旭：嗯。

妈妈：都是妈妈不够细心，让小旭难过了，妈妈觉得很抱歉。其实，看到你摔倒，妈妈很担心，但只顾着责备你，没能很好地把我对你的担心表达出来，是妈妈不好。（崔成爱博士的提示：爸爸妈妈也有做错的时候，也有判断失误的时候，这时能真诚地向孩子道歉，是非常重要的。如果孩子意识到，大人其实也会做错事情，那就不会因为害怕自己做错事而慌慌不安。而且即使做错了事，也不会试图嫁祸给他人或遮遮掩掩试图蒙混过关。孩子能从大人勇敢认错、真诚道歉的行为中，学到正确对待失误和过错的方式。）

小旭：没关系。

妈妈：你刚才在屋子里跑着玩，不小心摔倒了，出血和疼是肯定的，但是妈妈只顾着责备你，所以让你感到伤心和难过了，对吗？

小旭：对。

妈妈：嗯。刚才摔破的地方已经不出血了，感觉好点了吗？

小旭：嗯。

妈妈：但妈妈还是很担心下次你又会因为不小心而摔倒。看看有没有两全其美的好办法，让小旭既能玩得高兴又不会受伤呢？

小旭：我会小心的，不来回跑了，好好走路。

妈妈：嗯。不会再来回跑了，好好走路。那你能办到吗？

小旭：能。

妈妈：哦。小旭能自己想出这么好的办法，妈妈真的很高兴。你看，如果好好走路，就既不会摔倒，也不会受伤了。

小旭：是的。

妈妈：那么，你会从什么时候开始改掉乱跑的毛病呢？

小旭：现在就开始。

妈妈：真的可以做到吗？

小旭：是的。

妈妈：孩子，现在心情好点了吗？

小旭：嗯。好多了，我想出去玩。

妈妈：好。出去玩个痛快吧！

● 马上要去幼儿园了还磨磨蹭蹭不穿衣服时（五岁，女）

每天早上要赶八点十分上幼儿园的时间，难免会手忙脚乱。但是家里这个性格慢吞吞的孩子，也不肯穿衣服，就干坐着。幼儿园在一些特定日子里要求小朋友必须穿上幼儿园服、体育服或休闲服，但爱兰唯独喜欢穿裙子，今天也不例外。所以她不管时间到没到，就是不肯换衣服，就那么一直坐着不动。

妈妈：爱兰，马上就要上幼儿园了，快点把衣服穿好！

爱兰：（摩挲着衣角，依然默不作声，坐着不动。）

妈妈：爱兰，怎么了？好像有什么不开心的事啊。来，跟妈妈讲讲。

爱兰：（甩开裤子）我要穿裙子，给我裙子！

妈妈：哦，想穿裙子，但是妈妈却给了你裤子，所以你才会这样，是吗？

爱兰：嗯。我要穿裙子。

妈妈：哦。是妈妈不懂你的心，让你不开心了，对不起，宝贝。

爱兰：妈妈，我能不能穿裙子上幼儿园？

妈妈：妈妈很想知道爱兰为什么这么喜欢穿裙子，跟妈妈讲讲好吗？

爱兰：穿裙子就像公主一样，漂亮，心情好。

妈妈：哦，穿裙子心情就会好，对吗？妈妈也挺喜欢穿裙子的，原来你也是。（崔成爱博士的提示：妈妈首先接纳了爱兰的情绪，再向孩子讲清今天的情况，孩子就有听从妈妈意见的心理准备了，这个方法既合理又恰当。）

爱兰：是。

妈妈：不过爱兰，老师跟妈妈讲，今天幼儿园有体育课。你知道今天上体育课吗？

爱兰：知道。

妈妈：老师说体育课上会跑步、做游戏。你觉得穿裙子做游戏或跑步时方便吗？妈妈担心爱兰活动起来不太方便啊。你觉得呢？

爱兰：（犹豫）那以后上幼儿园穿裙子行吗？

妈妈：只要没有体育课，就可以呀。

爱兰：那我今天穿裤子去吧。

妈妈：哦。那现在爱兰的心情好些了吗？（崔成爱博士的提示：此时建议诚恳地再问问孩子的心情如何。第一，可以判断孩子在心情不好的情况下，是否仅出于无奈才被动地和妈妈对话。第二，可以判断情绪管理训练是否到位，孩子是否还处于不愉快的情境之中。如果情绪管理训练奏效，无论孩子还是大人，都会感受到轻松、舒心、惬意与愉快等积极情绪。）

爱兰：好多了。谢谢妈妈，我爱你。

21 天情绪管理表

	家长 ▸ 孩子			孩子 ▸ 家长		
情绪 / 天数						
1						
2						
3						
4						
5						
6						
7						
8						
9						
10						
11						
12						
13						
14						
15						
16						
17						
18						
19						
20						
21						

一种习惯的形成，平均需要21天。附“21天情绪管理表”帮助记录并改善你和孩子的情绪。
家长给孩子评分，依次为：情绪好、情绪不好、情绪崩溃；
孩子给家长评分，依次为：情绪好、情绪不好、暴怒生气。
每天记得打勾，在乎你和孩子的情绪。

21 天情绪管理表

	家长 ▸ 孩子			孩子 ▸ 家长		
情绪 \ 天数						
1						
2						
3						
4						
5						
6						
7						
8						
9						
10						
11						
12						
13						
14						
15						
16						
17						
18						
19						
20						
21						

一种习惯的形成，平均需要21天。附"21天情绪管理表"帮助记录并改善你和孩子的情绪。
家长给孩子评分，依次为：情绪好、情绪不好、情绪崩溃；
孩子给家长评分，依次为：情绪好、情绪不好、暴怒生气。
每天记得打勾，在乎你和孩子的情绪。